ÉTUDES
SUR LE COMBAT

PAR

LE COLONEL ARDANT DU PICQ

PARIS

LIBRAIRIE HACHETTE ET Cie | LIBRAIRIE J. DUMAINE
79, BOULEVARD SAINT-GERMAIN | 30, RUE DAUPHINE

1880

ÉTUDES
SUR LE COMBAT

COULOMMIERS. — TYPOG. PAUL BRODARD

ÉTUDES
SUR LE COMBAT

PAR

Le colonel ARDANT DU PICQ

PARIS

LIBRAIRIE HACHETTE ET Cie | LIBRAIRIE J. DUMAINE
79, BOULEVARD SAINT-GERMAIN | 30, RUE DAUPHINE

1880

AVANT-PROPOS

Ce livre a pour objet de présenter au public, réunies et placées dans leur ordre logique, des études sur le combat antique et sur le combat moderne publiées en 1876 et 1877 dans le *Bulletin de la Réunion des officiers*, et qui sont l'œuvre du colonel Ardant du Picq, tué glorieusement sous les murs de Metz pendant la dernière guerre [1].

Homme de plume autant qu'homme d'épée, nature tout à la fois ardente et réfléchie, esprit investigateur et philosophique, l'auteur s'était

---

[1]. La famille de l'auteur adresse ici ses remerciements à M. Letellier, capitaine dans l'armée territoriale, qui a coordonné les notes éparses dont se compose la deuxième partie des *Études sur le combat*. D'autres notes et fragments manuscrits, jugés trop incomplets pour être livrés quant à présent à l'impression, seront utilisés plus tard s'il y a lieu.

voué au développement et à la démonstration d'une thèse non point nouvelle à coup sûr, mais peut-être un peu négligée à notre époque. Il s'était proposé de faire ressortir l'influence considérable de l'élément moral dans le combat, influence qui, à travers les transformations successives de la science de la guerre, et en dépit des perfectionnements matériels ou tactiques que cette science reçoit chaque jour, n'en a pas moins été et n'en restera pas moins le guide assuré de tous les grands chefs militaires et la condition première du succès, tant que l'homme restera l'instrument premier du combat.

Sous l'empire de cette grande idée qui s'était emparée de lui, le colonel Ardant du Picq avait étudié et approfondi les auteurs militaires anciens et modernes; il y avait joint la critique raisonnée des actions de guerre auxquelles il avait pris part; non content de ses propres observations, il avait réclamé sur certains points l'avis des camarades et des chefs compétents, et la correspondance échangée entre eux et lui témoigne de l'ardeur qu'il apportait à cette recherche de la vérité. C'est cet ensemble de documents et de matériaux qui a servi de base aux études que nous publions. Elles embrassent, avons-nous dit, deux parties, le combat antique et le combat moderne; la première seule a été entièrement achevée par l'auteur et laissée par lui prête à être imprimée. Si dans la seconde le lecteur ne retrouve plus la même unité, la même suite, la même correction de forme qui distinguaient la première, s'il y rencontre parfois quelques redites, qu'il ne s'en étonne pas : la mort n'a pas permis au colonel Ardant du Picq de revoir son œuvre et d'y mettre la dernière main. Vouloir y introduire des corrections ou des suppressions, c'eût été risquer d'en altérer le caractère, et nous avons préféré reproduire fidèlement le manuscrit, tel qu'il nous a été communiqué.

ÉTUDES
SUR LE COMBAT

DANS L'ANTIQUITÉ ET DANS LES TEMPS MODERNES

INTRODUCTION

Par ce temps de reconstitutions, de réorganisations militaires, peut-être n'est-il pas hors de propos d'étudier sur le vif l'homme dans l'action du combat, et de faire du combat lui-même, tant dans l'antiquité que dans les temps modernes, une étude sincère et sérieuse à laquelle ne peuvent suffire les seuls récits des historiens.

Ceux-ci exposent bien, d'une manière générale, l'action des corps de troupes ; mais cette action en son détail et l'action individuelle du soldat, dans leurs récits comme dans la réalité, restent enveloppées d'un nuage de poudre. Et cependant il faut les saisir toutes deux, car leur accord mutuel est la justification et le point de départ de toutes les méthodes du combat, passées, présentes et futures. Où les trouver?

Nous avons infiniment peu de récits montrant l'action d'aussi près que le récit du combat de l'Hôpital par le colonel Bugeaud. Ce sont des narrés semblables, plus détaillés encore, car le moindre détail a son importance, d'acteurs ou de témoins ayant su voir et sachant se ressouvenir, qui seraient nécessaires à une étude du combat de nos jours. Le nombre des tués, le genre, le lieu des blessures, en disent davantage bien souvent que les plus longs récits, quand parfois ils ne les démentent pas. Il faut arriver à savoir comment l'homme et, dans le genre homme, le Français, combattait hier ; comment et dans quelle mesure, sous la pression du danger et du sentiment de conservation, forcément, inévitablement, il suivait, méprisait ou oubliait les méthodes ordonnées ou recommandées, afin de combattre de telle ou telle manière à lui imposée, indiquée par son instinct ou par son intelligence guerrière.

Lorsque nous saurons cela, sincèrement, sans

illusion, nous serons bien près de savoir comment il se comportera demain, avec et à l'encontre des engins aujourd'hui plus rapidement destructeurs qu'hier. Nous pourrons reconnaître, sachant que l'homme n'est capable que d'une quantité donnée de terreur, sachant que l'action morale de la destruction croît en raison de la puissance, de la rapidité de celle-ci, que demain, moins que jamais, seront praticables les méthodes compassées auxquelles l'illusion du champ de tir et le mépris de notre propre expérience semblent nous ramener; demain, plus que jamais, sera prédominante la valeur individuelle du soldat et des groupes et par conséquent la solidité de la discipline [1].

L'étude du passé seule peut donc nous donner le sentiment du praticable et nous faire voir comment demain, forcément, inévitablement, combattra le soldat.

Alors, instruits, prévenus, nous ne serons point déconcertés; car nous pourrons par avance prescrire telle méthode de combat, telle organisation, telle disposition première qui soient appropriées

[1]. Avons-nous une discipline de guerre?

à cette manière forcée, inévitable de combattre ; qui aient pour effet de régulariser celle-ci dans la mesure du possible, et par conséquent d'enlever le plus possible au hasard, en conservant plus longtemps au chef la direction du combattant, laquelle échappe d'emblée quand l'instinct du combattant est en contradiction absolument incompatible avec la méthode ordonnée. C'est le seul moyen de sauvegarder la discipline, qui se brise par les désobéissances tactiques précisément à l'instant de sa plus grande nécessité.

Mais prenons garde qu'il s'agit ici de disposition première avant l'action et de méthode de combat, et non de manœuvres.

Les manœuvres sont la marche des troupes sur le terrain d'action et les mouvements de disposition, sur ce terrain, de la plus grande comme de la plus petite des fractions constituées, avec toutes les garanties d'ordre et de célérité possibles ; elles ne sont point l'action même ; l'action les suit.

C'est la confusion de la manœuvre et de l'action qui amène en beaucoup d'esprits le doute et la défiance à l'endroit de nos manœuvres réglementaires, bonnes, très bonnes cependant dans leur ensemble, puisqu'elles donnent les moyens d'exécuter tous mouvements, de prendre toutes dispositions possibles, avec toute la rapidité et tout l'ordre pratiquement possibles.

Les changer, les discuter, n'avance pas la question d'un pas. Il reste toujours le problème de l'action définitive ; sa solution est dans l'étude sincère de ce qui se passait hier, de laquelle seule on peut conclure à ce qui se passera demain, et alors tout le reste s'ensuit.

Cette étude est à faire, à écrire s'entend, car tous ces chefs l'ont faite auxquels l'épreuve de la guerre donne une valeur et une autorité morales reconnues dans une armée, ceux-là desquels on dit : Il connaît le soldat, et il sait s'en servir.

Il connaît le soldat, il sait s'en servir. — Que savaient de plus les Romains trouvant la légion ? — Mais comme ils savaient bien, ces maîtres du combat ! Leur *incessante* expérience et une réflexion profonde avaient pu seules les conduire à une science aussi complète.

L'expérience aujourd'hui a des intermittences. Il faut donc la recueillir soigneusement, et l'étude à laquelle nous allons nous livrer sera bonne à cela et en outre à stimuler la réflexion, même chez ceux qui savent; surtout chez ceux qui savent. Et, puisque les extrêmes en tant de choses se touchent, qui sait, — si de même qu'aux temps anciens de la lutte à bout de pique et d'épée on a vu des armées vaincre d'autres armées solides dans la proportion d'un contre deux, — qui sait si le perfectionnement excessif des armes de destruction lointaine ne pourrait ramener ces victoires héroïques à armes égales du moindre nombre sur le plus grand, par quelque combinaison de bon sens ou de génie du moral et de l'engin [1]?

Malgré que le dire soit de Napoléon Ier, il en coûte d'accepter que la victoire, à toujours, soit du côté des plus gros bataillons.

---

1. La surprise certainement aujourd'hui ne durerait pas longtemps. Mais les guerres se font vite.

PREMIÈRE PARTIE

LE COMBAT ANTIQUE

NÉCESSITÉ DANS LES CHOSES DE LA GUERRE DE CONNAITRE L'INSTRUMENT PREMIER QUI EST L'HOMME

Le combat est le but final des armées, et l'homme est l'instrument premier du combat; il ne peut être rien de sagement ordonné dans une armée, — constitution, organisation, discipline, tactique, — toutes choses qui se tiennent comme les doigts d'une main, — sans la connaissance exacte de l'instrument premier, de l'homme, et de son état moral en cet instant définitif du combat.

Il arrive souvent que ceux qui traitent des choses de la guerre, prenant l'arme pour point de départ, supposent sans hésiter que l'homme appelé à s'en servir en fera toujours l'usage prévu et commandé par leurs règles et préceptes. Mais le combattant envisagé comme être de raison, abdiquant sa nature mobile et variable pour se transformer en pion impassible et faire fonction d'unité abstraite dans les combinaisons du champ de bataille, c'est l'homme des spéculations de cabinet, ce n'est point l'homme de la réalité. Celui-ci est de chair et d'os, il est corps et âme; et, si forte souvent que soit l'âme, elle ne peut dompter le corps à ce point qu'il n'y ait révolte de la chair et trouble de l'esprit en face de la destruction.

Le cœur humain, pour employer le mot du maréchal de Saxe, est donc point de départ en toutes choses de la guerre; pour connaître de celles-ci, il le faut étudier.

Essayons cette étude. — Non point d'abord dans le combat moderne, trop compliqué pour être saisi d'emblée, mais dans le combat antique, plus simple, plus clair surtout, bien que nulle part nettement expliqué.

Les siècles n'ont point changé la nature humaine; ses passions, ses instincts, et entre tous le plus puissant, l'instinct de conservation, peuvent se manifester de manières diverses suivant les temps, les lieux, suivant le caractère et le tempérament des races. — Ainsi, de nos jours, on peut admirer sous la pression du même danger, des mêmes émotions, des mêmes angoisses, le sang-froid des Anglais, l'élan des Français, et cette inertie des Russes qu'on appelle leur ténacité. — Mais, au fond, on retrouve toujours le même homme; et c'est de cet homme, au fond toujours le même, que nous voyons partir les habiles, les maîtres, quand ils organisent et disciplinent, quand ils ordonnent en son détail une manière de combattre et quand ils prennent des dispositions générales d'action. Les plus forts parmi eux sont ceux qui savent le mieux leur combattant, et celui du jour et celui de tous les temps. — Cela ressort évident d'une analyse attentive des formations et des grands faits de guerre antiques.

Cette analyse, la marche de ce travail nous conduit à la faire, et l'étude de l'homme se fera par l'étude du combat.

Nous remonterons même plus haut que le combat antique, au combat primitif. — En redescendant du sauvage jusqu'à nous, nous saisirons mieux le vif. — Et nous en saurons alors autant que les maîtres? — Pas plus que l'on ne sait peindre pour avoir vu comment on s'y prend pour peindre; — mais nous comprendrons mieux ces habiles gens et les grands exemples qu'ils ont laissés.

Nous apprendrons, d'après eux, à nous méfier de la mathématique et de la dynamique matérielle appliquées aux choses du combat; à nous garer des illusions des champs de tir et de manœuvre où les expériences se font avec le soldat calme, rassis, reposé, repu, attentif, obéissant, avec l'homme instrument intelligent et docile en un mot, et non avec cet être nerveux, impressionnable, ému, troublé, distrait, surexcité, mobile, s'échappant à lui-même, qui du chef au soldat est le combattant (exception pour les forts, mais ils sont rares).

Illusions cependant, persistantes et tenaces, qui toujours reparaissent au lendemain même des plus absolus démentis à elles infligés par la réalité, et dont le moindre inconvénient serait de conduire à ordonner l'impraticable, si l'impraticable ordonné n'était une atteinte formelle à la discipline et n'avait pour effet de déconcerter chefs et soldats par l'imprévu et par la surprise du contraste entre la bataille et l'éducation de la paix.

Certainement la bataille a toujours des surprises, mais elle en a d'autant moins que le sens et la connaissance du réel ont présidé davantage à l'éducation du combattant, ou sont plus répandus dans ses rangs. Etudions donc l'homme dans le combat, car c'est lui qui fait le réel.

CHAPITRE PREMIER

L'HOMME DANS LE COMBAT PRIMITIF ET DANS LE COMBAT ANTIQUE

L'homme ne va pas au combat pour la lutte, mais pour la victoire. Il fait tout ce qui dépend de lui pour supprimer la première et assurer la seconde.

La guerre entre peuplades sauvages, entre Arabes, souvent encore de nos jours [1], est une guerre d'embûches par petits groupes d'hommes, dont chacun, au moment de la surprise, choisit, non son adversaire, mais sa victime et l'assassine. Car les armes sont pareilles de part et d'autre, et la seule manière de mettre la chance de son côté c'est de surprendre ; l'homme surpris a besoin d'un instant pour y voir clair et se mettre en défense; pendant cet instant, il est mort, s'il ne fuit.

L'adversaire surpris ne se défend pas, il cherche à fuir ; et le combat face à face et corps à corps avec les armes primitives, hache ou couteau, si terrible entre ennemis nus (c'est-à-dire sans armes défensives), est excessivement rare. Il ne peut avoir lieu qu'entre ennemis se surprenant mutuellement, sans

---

[1]. Général Daumas, *Mœurs et coutumes de l'Algérie*, surprise nocturne et extermination d'un campement.

autre chance de salut pour aucun que la victoire. Et encore..... en cas de surprise pareille, il est une autre chance de salut, celle du recul, de la fuite de part et d'autre; et cette chance est souvent saisie. Un exemple, — et s'il ne s'agit point de sauvages, mais de soldats de nos jours, le fait n'en est pas moins significatif; il a été observé par un homme de trempe guerrière s'il en fut, qui a raconté ce qu'il avait vu de ses propres yeux, spectateur forcé, maintenu à terre par une blessure.

Pendant la guerre de Crimée, un jour de grande action, au détour d'un des nombreux remuements de terre qui couvraient le sol, des soldats A et B débouchant inopinément face à face, à dix pas, s'arrêtent saisis..... puis..... comme oubliant leurs fusils, se jettent des pierres et reculent. Nul des deux groupes n'a un chef décidé pour l'enlever en avant, et nul des deux n'ose le premier tirer, pris de l'appréhension que l'autre ne porte en même temps son arme à l'épaule; on est trop près pour espérer échapper, du moins on se le figure, — car en réalité le tir mutuel de si près est presque toujours trop haut; — mais.... l'homme qui tirerait se voit déjà mort par la riposte; il jette des pierres, et pas bien fort, pour se distraire de son fusil, en distraire l'ennemi, occuper le temps en somme, jusqu'à ce que le recul lui donne quelques chances d'échapper au bout portant.

Cette agréable position n'a pas duré longtemps : une minute, peut-être ; l'apparition d'une troupe B sur un des flancs a déterminé la fuite des A, et alors le groupe opposé a fait feu.

Certes, la chose est bouffonne et prête à rire.

Voyons cependant : En pleine forêt, ayant l'espace pour eux, un lion et un tigre, au détour d'un sentier, se rencontrent face à face ; ils s'arrêtent net, rejetés en arrière sur leurs jarrets fléchis, prêts au bond ; des yeux ils se mesurent, le grondement dans la gorge et les ongles crispés, le poil droit, la queue battant le sol ; cou tendu, oreilles aplaties, lèvres retroussées, ils se montrent leurs crocs formidables par cette grimace terrible de menace et de..... peur caractéristique des félins.

Spectateur invisible, je frissonne.

Pour le lion comme pour le tigre, la position n'est pas gaie ; un mouvement en avant, et il y a mort de bête ; de laquelle ? Des deux peut-être.

Doucement, tout doucement, un de ces jarrets fléchis pour le bond, s'infléchissant encore, reporte le pied quelques lignes en arrière ; doucement, tout doucement, une patte de devant suit le mouvement ; après un arrêt, doucement, tout doucement, les autres jambes font de même, et les deux bêtes, insensiblement, petit à petit, et toujours de face, s'éloignent, s'éloignent, jusqu'au moment où, leur mutuel recul ayant mis entre elles un intervalle plus grand que le bond, lion et tigre se tournent lentement le dos et sans cesser de s'observer s'en vont plus franchement, reprenant sans hâte leur allure naturelle, avec cette dignité souveraine qui convient à d'aussi grands seigneurs. J'ai cessé de frissonner, mais je ne ris pas.

Il n'y a pas non plus à rire de l'homme, car celui-ci a entre les mains une arme plus terrible que dents et ongles de lion ou de tigre, le fusil, qui instantanément, sans défense possible, vous envoie de vie à trépas. On comprend dès lors que nul, de si près, n'a de hâte, en armant le sien, d'armer celui qui doit l'abattre, n'est pressé de mettre le feu à la mèche qui doit faire sauter l'ennemi et lui-même avec.

Qui n'a observé semblables exemples entre chiens, entre chiens et chats, chats et chats?

Dans la guerre de Pologne de 1831, deux régiments russes, deux régiments polonais de cavalerie, se chargent mutuellement. D'un même élan, ils allaient à l'encontre les uns des autres, lorsque, à la distance où l'on peut se reconnaître au visage, les cavaleries ralentissent, et toutes deux se tournent le dos. Les Russes et les Polonais, à ce moment terrible, s'étaient reconnus comme frères et, plutôt que de verser un sang fraternel, s'étaient sauvés du combat comme d'un crime. C'est là la version d'un témoin oculaire et narrateur, officier polonais.....

Que de troupes de cavalerie se reconnaissent ainsi pour frères !

Mais reprenons :

Quand les sociétés deviennent plus nombreuses, et que la surprise au même instant de toute une population occupant un vaste espace n'est plus possible, quand une sorte de conscience publique s'est élevée avec les sociétés, on se prévient d'avance, on se déclare la guerre. La surprise n'est plus la guerre même ; mais elle en reste toujours un des moyens, le meilleur, encore aujourd'hui.

L'homme ne peut donc plus égorger son ennemi sans défense, puisqu'il l'a prévenu ; il doit s'attendre à le trouver debout et en nombre. Il faut combattre, c'est-à-dire vaincre en risquant le moins possible ; et l'on marche avec le bâton ferré contre le pieu, avec les flèches contre le bâton ferré, avec le bouclier contre les flèches, avec le bouclier et la cuirasse contre le bouclier seul, avec de longues lances contre la courte lance, des épées trempées contre les épées de fer, des chars armés contre l'homme à pied, et ainsi de suite.

L'homme s'ingénie à pouvoir tuer sans courir le danger de l'être. Sa bravoure est le sentiment de sa force, et elle n'est point absolue ; devant plus fort, sans vergogne il fuit. Le sentiment naturel de la conservation est si puissant qu'il n'éprouve nulle honte à lui obéir. Cependant, grâce aux armes défensives, il y a combat de près; comment décider autrement? Il faut bien se tâter pour reconnaître le plus fort, et, celui-ci reconnu, nul ne tient devant lui.

La force et la valeur individuelles ont le rôle dominant dans ces combats primitifs, et à ce point que, le vaillant abattu, la nation est vaincue; que souvent, d'un accord mutuel et tacite, les combattants s'arrêtent pour voir dans le recueillement et l'angoisse cette belle chose, deux vaillants aux prises; que souvent encore, le niveau moral de l'homme s'étant élevé jusqu'au dévouement, les peuples remettent leur sort entre les mains des vaillants, qui acceptent et qui seuls combattent. Intérêt bien entendu, puisque nul ne peut tenir contre le vaillant.

Mais l'intelligence se rebelle contre la force; nul ne peut tenir contre un Achille, mais nul Achille ne tiendra contre dix ennemis qui, réunissant leurs efforts, agiront de concert. De là naissent la tactique, qui d'avance ordonne des moyens d'organisation et d'action propres à donner du concert aux efforts, et la discipline, qui cherche à assurer le concert contre les défaillances des combattants.

Jusqu'à présent, nous avons vu l'homme combattre l'homme, un peu chacun pour son compte, à la façon des bêtes fauves, cherchant qui tuer, fuyant qui le tuerait. Maintenant la discipline, la tactique nettement formulées, commandent la solidarité du chef et du soldat, la solidarité des soldats entre eux. Outre le progrès intellectuel, il y a là un progrès moral. Commander la solidarité dans le combat, prendre des dispositions tactiques pour la rendre pratiquement possible, c'est faire compte avec le dévouement de tous, c'est élever tous les combattants au niveau des vaillants des combats primitifs. Le point d'honneur paraît, la fuite est une honte, car on n'est plus seul dans le combat contre le fort, on est légion, et qui lâche pied abandonne et ses chefs et ses compagnons. A tous égards, le combattant vaut mieux.

Ainsi le raisonnement a fait comprendre la force des efforts savamment concertés ; la discipline les a rendus possibles.

Nous allons assister à des combats terribles, à des combats d'extermination mutuelle ? Non.— L'homme collectif dans la troupe disciplinée, soumise à un ordre de combat par la tactique, devient invincible contre une troupe indisciplinée ; mais, contre une troupe disciplinée comme lui, il redevient l'homme primitif qui fuit devant une force de destruction plus grande quand il l'a éprouvée ou quand il la préjuge. Rien n'est changé dans le cœur de l'homme. La discipline tient un peu plus longtemps les ennemis face à face ; mais l'instinct de conservation maintient son empire, et le sentiment de la peur avec lui.

La peur !...

Il est des chefs, il est des soldats qui l'ignorent ; ce sont gens d'une trempe rare. La masse frémit, — car on ne peut supprimer la chair ; — et ce frémissement, sous peine de mécompte, doit entrer comme donnée essentielle en toute organisation, discipline, dispositifs, mouvements, manœuvres, mode d'action, toutes choses qui ont précisément pour but définitif de le mâter, de le tromper, de le faire dévier chez soi et de l'exagérer chez l'ennemi.

Si l'on étudie le rôle de ce frémissement dans les combats antiques, on voit que, parmi les peuples les plus habiles dans la guerre, les plus forts ont été ceux qui non seulement en ont le mieux compris la conduite générale, mais qui ont tenu le plus grand compte de la faiblesse humaine et pris contre elle les meilleures garanties. On remarque que les peuples les plus guerriers ne sont point toujours ceux chez lesquels les institutions militaires et la manière de combattre sont les meilleures, les plus sainement raisonnées. Et en effet, chez les peuples guerriers, il y a bonne dose de vanité. Ils ne comptent qu'avec le courage dans leur tactique ; on dirait qu'ils n'en veulent pas prévoir les défaillances.

Le Gaulois, fou de guerre, a une tactique barbare et qui, après la première surprise, le fait toujours battre par les Grecs, par les Romains.

Le Grec, guerrier, mais aussi politique, a une tactique bien supérieure à celle des Gaulois et des Asiatiques.

Le Romain, politique avant tout, chez lequel la guerre n'est absolument qu'un moyen, veut le moyen parfait, ne se fait nulle illusion, compte avec la faiblesse humaine et trouve la légion.

Mais ceci est affirmer; il faut démontrer.

CHAPITRE II

QUE LA CONNAISSANCE DE L'HOMME A FAIT LA TACTIQUE ROMAINE, LES SUCCÈS D'ANNIBAL CEUX DE CÉSAR

La tactique des Grecs a son résumé dans la phalange, la tactique romaine dans la légion, la tactique des barbares dans la phalange en carré, coin ou losange.

Le mécanisme de ces différentes dispositions de combat est expliqué dans tous les livres élémentaires; leur discussion comme valeur mécanique est faite par Polybe, lorsqu'il met face à face la phalange et la légion (livre XVIII).

Les Grecs étaient, en civilisation intellectuelle,

supérieurs aux Romains; leur tactique devait être, il semble, plus fortement raisonnée. Il n'en est rien. — La tactique grecque procède surtout du raisonnement mathématique, la tactique romaine d'une connaissance profonde du cœur de l'homme; ce n'est point que les Grecs n'aient tenu grand compte du moral et les Romains de la mécanique [1]; mais les préoccupations premières étaient diverses.

Par quelle disposition obtenir d'une armée grecque l'effort le plus puissant?

Par quels moyens faire combattre effectivement tous les soldats d'une armée romaine?

La première question se discute encore. La seconde a reçu une solution qui a dû satisfaire ceux qui se l'étaient posée.

Le Romain n'est point essentiellement brave; il n'offre aucun type guerrier à la hauteur d'Alexandre, et l'impétuosité valeureuse des barbares, Gaulois, Cimbres, Teutons, — chose banale à dire, — l'a fait trembler longtemps. Mais à la bravoure glorieuse des Grecs, à la bravoure de tempérament des Gaulois, il oppose celle du devoir, bien autrement solide, commandée aux chefs par un sentiment des plus forts de patriotisme, à la masse par une discipline terrible.

---

1. Chez ceux-ci même, la mécanique et le moral sont si intimement liés, que l'une toujours, ce qui est admirable, vient au secours de l'autre et jamais ne lui nuit.

La discipline des Grecs s'appuie sur des peines et des récompenses d'opinion, la discipline des Romains aussi, et en outre sur la mort. Ils font mourir sous le bâton ; ils déciment.

Un général romain se demande comment vaincre ces ennemis qui épouvantent ses gens ? — En exaltant le moral non par l'enthousiasme, mais par la rage. Il rend à ses soldats la vie misérable par excès de travaux ou de privations. Il tend le ressort de la discipline à ce point qu'il faut à certain instant qu'il se brise ou se détende sur l'ennemi.

Un général grec fait chanter Tyrtée [1].

Il eût été curieux de les voir face à face.

Mais la discipline ne suffit pas pour faire une tactique supérieure. L'homme dans le combat, nous le répétons, est un être chez lequel l'instinct de la conservation domine à certain moment tous les sentiments. La discipline a pour but de dominer, elle, cet instinct par une terreur plus grande ; mais elle ne peut y arriver d'une manière absolue ; elle n'y arrive que jusqu'à un certain point, qui ne peut être dépassé ; certes, je ne nie pas les exemples éclatants où la discipline et le dévouement ont élevé l'homme au-dessus de lui-même ; mais si ces exemples sont éclatants, c'est qu'ils sont rares ; s'ils sont admirés, c'est

---

[1]. Les Romains ne méprisaient point Tyrtée. Ils ne méprisaient aucune force. Mais ils connaissaient la valeur de chacune.

qu'on les considère comme des exceptions, et l'exception confirme la règle.

C'est la détermination de cet instant où l'homme perd le raisonnement pour devenir instinctif qui fait la science du combat, qui dans son application générale fait la force de la tactique romaine, et dans son application particulière à tel moment, à telles troupes, fait la supériorité d'Annibal, celle de César.

Au point où nous en sommes arrivés, le combat a lieu de masses à masses plus ou moins profondes, commandées et surveillées par des chefs ayant un rôle nettement formulé. C'est dans chaque masse une série de luttes individuelles, juxtaposées, où l'homme du premier rang seul combat, puis est remplacé, s'il tombe, s'il est blessé ou épuisé, par l'homme du deuxième rang qui veille en attendant sur ses flancs, et ainsi de suite jusqu'au dernier rang; car l'homme physiquement et moralement se fatiguait vite dans une escrime corps à corps où il employait toute son énergie.

Ces combats duraient généralement peu de temps. A moral égal, les plus tenaces à la fatigue devaient toujours l'emporter.

Pendant ce combat du premier rang, — des deux premiers rangs peut-on dire, l'un combattant, l'autre veillant de si près, — les hommes des rangs postérieurs attendent à deux pas, dans l'inaction, leur tour de combat, lequel ne doit venir que si leurs devanciers sont tués, blessés ou exténués ; ils sont ballottés par les fluctuations plus ou moins violentes de la lutte des premiers rangs ; ils entendent les chocs des coups portés et distinguent peut-être ceux qui mordent dans la chair ; ils voient les blessés, les exténués se traîner par leurs intervalles pour aller prendre la queue ; spectateurs passifs et forcés du danger, ils en calculent les approches, ils en mesurent de l'œil les chances à chaque instant plus redoutables ; tous ces hommes en un mot subissent immédiatement l'émotion du combat sous une forme poignante et, n'étant point soutenus par l'animation de la lutte, se trouvent ainsi placés sous la pression morale d'une anxiété des plus grandes ; ils ne peuvent y tenir souvent jusqu'à leur tour et lâchent pied.

La meilleure tactique, la meilleure disposition étaient celles qui rendaient le plus facile la succession d'efforts, en assurant le mieux le relai des rangs dans les unités d'action, et en rendant possible le relai, le soutien mutuel des unités d'action ; n'engageant immédiatement que le nombre nécessaire au combat, et conservant le reste comme soutien et réserve en dehors de la pression morale immédiate. Toute la supériorité tactique des Romains était là, et aussi dans la discipline terrible qui préparait et commandait l'exécution. Plus qu'aucuns ils duraient au combat, et par la ténacité à la fatigue que leur donnaient de rudes et continuels travaux, et par le renouvellement des combattants [1].

Faute de raisonnement, les Gaulois ne voyaient que le rang inflexible, et on les a vus *s'attacher entre eux*, rendant ainsi le relai impraticable. Ils croyaient, et les Grecs aussi, à la puissance de masse et d'impulsion des rangs profonds, et ils ne voulaient pas comprendre que les rangs accumulés sont impuissants à pousser les premiers quand ceux-ci regimbent, se cabrent devant la mort. Etrange erreur! Croire que les derniers rangs vont aller au-devant de ce qui fait reculer les premiers, tandis que la contagion du recul est au contraire si forte que l'arrêt de la tête est le recul de la queue!

Certainement les Grecs voyaient aussi des réserves et des soutiens dans la deuxième moitié de leurs rangs accumulés ; seulement, l'idée de masse dominant, ils plaçaient trop près ces réserves et ces soutiens, oubliant l'homme.

Les Romains croyaient à la puissance de masse, mais au point de vue moral. Ils ne multipliaient pas les rangs pour ajouter à la masse, mais pour donner aux combattants la confiance d'être soutenus, relayés ; et le nombre en était calculé sur la durée de

---

[1]. Leur sens pratique savait aussi immédiatement reconnaître et s'approprier les armes meilleures que les leurs.

pression morale que pouvaient soutenir les derniers.

Au delà du temps pendant lequel l'homme peut supporter, sans être engagé, l'angoisse du combat des rangs qui précèdent, ils cessaient d'accumuler les rangs. Cette remarque et ce calcul, les Grecs, qui portaient parfois les rangs jusqu'à trente-deux, ne les avaient point faits; et leurs derniers rangs, qui dans leur esprit sans doute étaient leurs réserves, se trouvaient, en outre, forcément entraînés dans le désordre matériel des premiers.

Dans l'ordre par manipules de la légion romaine, les meilleurs soldats, ceux dont l'habitude des combats avait trempé le courage, attendaient solidement maintenus en deuxième et troisième lignes; assez loin pour ne pas souffrir des traits, pour y *voir clair*, et n'être pas entraînés par la ligne antérieure se retirant dans leurs intervalles; assez près pour la soutenir à temps ou achever son ouvrage en se portant en avant.

Lorsque les trois manipules séparés et successifs de la cohorte primitive sont réunis pour former la cohorte unité de combat de Marius et de César, la même intelligence place : aux derniers rangs les soldats les plus solides, c'est-à-dire les plus anciens ; les plus jeunes, les plus impétueux, aux premiers rangs ; et nul n'est dans la légion pour faire simplement nombre ou masse ; chacun a son tour d'action, — chaque homme dans son manipule, — chaque manipule dans sa cohorte, — et, lorsque l'unité devient la cohorte, chaque cohorte dans l'ordre de bataille.

Nous voyons quelle est l'idée qui commande chez les Romains l'épaisseur des rangs, l'ordonnance et le nombre des lignes successives de combattants. Le génie, le tact du général modifiait ces dispositions principales. Si les soldats étaient aguerris, bien exercés, solides, tenaces, alertes à relayer leurs chefs de file, pleins de confiance dans leur général et leurs compagnons, le général diminuait l'épaisseur des rangs, supprimait des lignes même, pour augmenter le nombre des combattants immédiats en augmentant le front. Ses hommes ayant une ténacité morale, et quelquefois aussi physique, supérieure à celle de l'ennemi, le général savait que les derniers rangs de celui-ci ne tiendraient pas sous l'angoisse assez longtemps pour relayer les premiers rangs ou pour épuiser le relai des siens ; — et Annibal, qui avait une partie de son infanterie, les Africains, armée et dressée à la romaine, dont les fantassins espagnols avaient la longue haleine des Espagnols d'aujourd'hui, dont les soldats gaulois, triés par les fatigues, étaient de même aptes aux longs efforts, Annibal, fort de la confiance absolue qu'il inspirait à son monde, se formait sur une seule ligne de moitié moins profonde que l'armée romaine, enveloppait à Cannes cette armée, qui avait deux fois son nombre, et l'exterminait. César, à Pharsale, par des raisons semblables, n'hésitait pas à diminuer sa profondeur, faisait face à l'armée double de Pompée, armée romaine comme la sienne, et l'écrasait.

Puisque nous avons nommé Cannes et Pharsale, nous allons, en les étudiant, nous renseigner sur le mécanisme et le moral du combat antique, deux choses qui ne se peuvent séparer. Nous ne pouvons tomber sur des exemples meilleurs, sur des batailles plus nettement et plus impartialement exposées : l'une, par le grand bon sens de Polybe, qui s'est renseigné près des derniers échappés de Cannes, près même de quelqu'un des vainqueurs ; l'autre, par l'impassible clarté de César en matière de faits de guerre.

CHAPITRE III

ANALYSE DE LA BATAILLE DE CANNES

Récit de Polybe :

« Varron place la cavalerie à l'aile droite et l'appuie au fleuve même ; l'infanterie se déploie près d'elle sur la même ligne, les manipules plus rapprochés l'un de l'autre, ou les intervalles plus serrés qu'à l'ordinaire, et les manipules présentant plus de hauteur que de front.

« La cavalerie des alliés, à l'aile gauche, fermait la ligne, en avant de laquelle étaient postés les soldats légers. Il y avait dans cette armée, en comptant les alliés, quatre-vingt mille hommes de pied et un peu plus de six mille chevaux.

« Annibal, en même temps, fit passer l'Aufide aux frondeurs et aux troupes légères et les posta devant l'armée. Le reste ayant passé la rivière par deux endroits, sur le bord, à l'aile gauche, il mit la cavalerie espagnole et gauloise pour l'opposer à la cavalerie romaine; et ensuite, sur la même ligne, une moitié de l'infanterie africaine pesamment armée, l'infanterie espagnole et gauloise, l'autre moitié de l'infanterie africaine, et enfin la cavalerie numide, qui formait l'aile droite.

« Après qu'il eut ainsi rangé toutes ses troupes sur une seule ligne, il marcha au devant des ennemis avec l'infanterie espagnole et gauloise, qui se détacha du centre du corps de bataille; et comme elle était jointe en ligne droite avec le reste, en se séparant, elle forma comme le convexe d'un croissant, ce qui ôta au centre beaucoup de sa hauteur, le dessein du général étant de commencer le combat par les Espagnols et les Gaulois et de les faire soutenir par les Africains.

« Cette dernière infanterie était armée à la romaine, ayant été revêtue par Annibal des armes qu'on avait prises aux Romains dans les combats précédents. Les Espagnols et les Gaulois avaient le bouclier; mais leurs épées étaient fort différentes. Celle des premiers n'était pas moins propre à frapper d'estoc que de taille, au lieu que celle des Gaulois ne frappe que de taille et à *certaine distance*. Ces troupes étaient rangées : les Espagnols en deux troupes près des Africains, vers les ailes, les Gaulois au centre; les Gaulois nus, les Espagnols couverts de chemises de lin couleur de pourpre, ce qui fut pour les Romains un spectacle extraordinaire qui les épouvanta. L'armée des Carthaginois était de dix mille chevaux et d'un peu plus de quarante mille hommes de pied.

« Emilius commandait à la droite des Romains, Varron à la gauche ; les deux consuls de l'année précédente, Servilius et Attilius, étaient au centre. Du côté des Carthaginois, Asdrubal avait sous ses ordres la gauche, Hannon la droite, et Annibal ayant avec lui Magon, son frère, s'était réservé le commandement du centre. Ces deux armées n'eurent rien à souffrir du soleil lorsqu'il fut levé, l'une étant tournée au midi, comme je l'ai remarqué, et l'autre au septentrion.

« L'action commença par les troupes légères, qui de part et d'autre étaient devant le front des deux armées. Ce premier engagement ne donna aucun avantage à l'un ni à l'autre parti. Mais, dès que la cavalerie espagnole et gauloise de la gauche se fut approchée, le combat s'échauffant, les Romains se battirent avec furie et plutôt en barbares qu'en Romains, car ce ne fut point tantôt en reculant, tantôt en revenant à la charge, selon les lois de leur tactique ; à peine en furent-ils venus aux mains qu'ils sautèrent de cheval et saisirent chacun son adversaire. Cependant les Carthaginois eurent le dessus. La plupart des Romains demeurèrent sur la place après s'être défendus avec la dernière valeur ; le reste fut poursuivi le long du fleuve et taillé en pièces sans pouvoir obtenir de quartier.

« L'infanterie pesamment armée prit ensuite la place des troupes légères et en vint aux mains. Les Espagnols et les Gaulois tinrent ferme d'abord et soutinrent le choc avec vigueur ; mais ils cédèrent bientôt à la pesanteur des légions et, ouvrant le croissant, tournèrent le dos et se retirèrent. Les Romains les suivent avec impétuosité et rompent d'autant plus aisément la ligne gauloise qu'ils se serraient tous des ailes vers le centre, où était le fort du combat ; car toute la ligne ne combattit point en même temps, mais ce fut par le centre que commença l'action, parce que les Gaulois étant rangés en forme de croissant laissèrent les ailes loin derrière eux et présentèrent le convexe du croissant aux Romains. Ceux-ci suivent donc de près les Gaulois et les Espagnols, et, s'attroupant vers le milieu, à l'endroit où l'ennemi plia, poussèrent si fort en avant, qu'ils touchèrent des deux côtés les Africains pesamment armés. Les Africains de la droite, en faisant la conversion de droite à gauche, se trouvèrent tout le long du flanc de l'ennemi, aussi bien que ceux de la gauche, qui la firent de gauche à droite, les circonstances mêmes leur enseignant ce qu'ils avaient à faire ; c'est ce qu'Annibal avait prévu : que les Romains poursuivant les Gaulois ne manqueraient pas d'être enveloppés par les Africains. Les Romains alors, ne pouvant plus garder leurs rangs et leurs files [1], furent contraints de se défendre homme à homme et par petits corps contre ceux qui les attaquaient de front et de flanc [2].

« Emilius avait échappé au carnage qui s'était fait à l'aile droite au commencement du combat. Voulant, selon la parole qu'il avait donnée, se trouver partout, et voyant que c'était l'infanterie légionnaire qui déciderait du sort de la bataille, il pousse à cheval au

1. Ceci est une excuse. Le manipule était d'une mobilité parfaite et sans la moindre difficulté faisait face en tous sens.
2. Attaque de front et de flanc de toute l'armée et non pas des hommes ou des groupes. L'armée formait coin et était attaquée par la pointe et les côtés du coin; il n'y a même là aucune attaque de flanc. Ce jour-là même, le manipule présentait plus d'étendue de flanc que de front.

travers de la mêlée, écarte, tue tout ce qui se présente, et cherche en même temps à ranimer l'ardeur des soldats romains. Annibal, qui pendant toute la bataille était resté dans la mêlée, faisait la même chose de son côté.

« La cavalerie numide de l'aile droite, sans faire ni souffrir beaucoup, ne laissa pas d'être utile dans cette occasion par sa manière de combattre ; car, fondant de tous côtés sur les ennemis, elle leur donna assez à faire pour qu'ils n'eussent pas le temps de penser à secourir leurs gens. Mais lorsque l'aile gauche, où commandait Asdrubal, eut mis en déroute toute la cavalerie de l'aile droite des Romains, à un très petit nombre près, et qu'elle se fut jointe aux Numides, la cavalerie auxiliaire n'attendit pas qu'on tombât sur elle et lâcha pied.

« On dit qu'alors Asdrubal fit une chose qui prouve sa prudence et son habileté, et qui contribua au succès de la bataille. Comme les Numides étaient en grand nombre, et que ces troupes ne sont jamais plus utiles que lorsqu'on fuit devant elles, il leur donna les fuyards à poursuivre, et mena la cavalerie espagnole et gauloise à la charge pour secourir l'infanterie africaine. Il fondit sur les Romains par les derrières, et, faisant charger sa cavalerie en troupe dans la mêlée par plusieurs endroits, il donna de nouvelles forces aux Africains et fit tomber les armes des mains des ennemis. Ce fut alors que L. Emilius, citoyen qui pendant toute sa vie, ainsi que dans ce dernier combat, avait noblement rempli ses devoirs envers son pays, succomba enfin tout couvert de plaies mortelles.

« Les Romains combattaient toujours, et, faisant front à ceux dont ils étaient environnés, ils résistèrent tant qu'ils purent ; mais les troupes qui étaient à la circonférence diminuant de plus en plus, ils furent enfin resserrés dans un cercle plus étroit et passés tous au fil de l'épée. Attilius et Servilius, deux personnages d'une grande probité et qui s'étaient signalés dans le combat en vrais Romains, furent aussi tués dans cette occasion.

« Pendant le carnage qui se faisait au centre, les Numides poursuivirent les fuyards de l'aile gauche. La plupart furent taillés en pièces ; d'autres furent jetés en bas de leurs chevaux ; quelques-uns se sauvèrent à Vénuse, du nombre desquels était Varron, le général romain, cet homme abominable dont la magistrature coûta si cher à sa patrie. Ainsi finit la bataille de Cannes, bataille où l'on vit de part et d'autre des prodiges de valeur, comme il est aisé de le justifier.

« De six mille chevaux dont la cavalerie romaine était composée, il ne se sauva à Vénuse que soixante dix Romains avec Varron, et de la cavalerie auxiliaire il n'y eut qu'environ trois cents hommes, qui se jetèrent dans différentes villes; dix mille hommes de pied furent à la vérité faits prisonniers, mais ils n'étaient pas au combat [1]. Il ne sortit de la mêlée pour se sauver dans les villes voisines qu'environ trois mille hommes; tout le reste, au nombre de soixante-dix mille, mourut au champ d'honneur [2]. »

Annibal perdit dans cette action environ quatre mille Gaulois, quinze cents Espagnols et Africains et deux cents chevaux.

Analysons :

Les infanteries légères répandues devant le front des armées escarmouchent sans résultat. Le vrai combat commence à l'attaque de la cavalerie légionnaire de l'aile gauche romaine par la cavalerie d'Annibal.

Là, dit Polybe, le combat s'échauffant, les Romains se battirent avec furie et plutôt en barbares qu'en

---

[1]. Ils avaient été envoyés à l'attaque du camp d'Annibal; ils furent repoussés et pris dans leur propre camp après la bataille.

[2]. Cette citation est empruntée à la traduction de dom Thuilier. Tite-Live ne précise pas le nombre des combattants romains. Il dit que rien n'avait été négligé pour rendre la plus forte possible l'armée romaine, et que, d'après le dire de quelques-uns, elle montait à 87 200 hommes, ce qui est le chiffre de Polybe. Son récit en fait tuer 45 000 et prendre ou échapper après l'action 19 000. Total 64 000. Que seraient devenus les 23 000 restants?

Romains, car ce ne fut point tantôt en reculant, tantôt en revenant à la charge, selon les lois de leur tactique ; à peine en furent-ils venus aux mains qu'ils sautèrent de cheval et saisirent chacun son adversaire et, etc., etc.

Ceci veut dire que d'habitude la cavalerie romaine ne combattait pas corps à corps, comme l'infanterie. Elle se lançait au galop sur la cavalerie adverse ; puis à grande portée de trait, si la cavalerie ennemie n'avait tourné bride en voyant arriver la cavalerie romaine, prudemment celle-ci ralentissait l'allure, envoyait quelques javelots, et, faisant demi-tour par pelotons, allait reprendre du champ pour recommencer. Autant en faisait la cavalerie adverse, et pareil jeu ou tout autre analogue pouvait se renouveler plusieurs fois, jusqu'au moment où, l'une des cavaleries arrivant à persuader à son ennemie que par l'élan de sa course elle va l'aborder, celle-ci tournait bride devant l'élan et était poursuivie à outrance.

Ce jour-là, le combat s'échauffant, on en vint réellement aux mains, c'est-à-dire que les deux cavaleries s'abordèrent pour de vrai et que l'on se prit homme à homme. La chose était forcée du reste. A moins de lâcher pied de part et d'autre, il fallait ce jour-là s'aborder ; l'espace manquait pour l'escarmouche. Resserrée entre l'Aufide et les légions, la cavalerie romaine ne pouvait manœuvrer (Tite-Live) ; la cavalerie espagnole et gauloise, également resserrée et double de la cavalerie romaine, forcée d'être sur deux lignes, le pouvait encore moins. Ce front limité servait beaucoup les Romains, inférieurs en nombre, qui ne pouvaient ainsi être attaqués que de face, c'est-à-dire par nombre égal, et il rendait, nous l'avons dit, l'abordage inévitable. Ces deux cavaleries arrêtées tête à poitrail ont dû combattre de près, se prendre homme à homme, et, pour des cavaliers à cheval sur simples tapis et sans étriers, embarrassés d'un bouclier, d'une lance, d'un sabre ou d'une épée, se prendre homme à homme c'est s'accrocher mutuellement, tomber mutuellement et combattre à pied. C'est là ce qui est arrivé, ainsi que l'explique le récit de Tite-Live complétant celui de Polybe, et ce qui arrivait toutes les fois que deux cavaleries antiques avaient réellement l'envie de combattre, comme le montre le combat du Tesin. Ce mode d'action était tout à l'avantage des Romains, qui étaient bien armés et y étaient dressés ; témoin encore ce combat du Tesin, où l'infanterie légère romaine fut taillée en pièces, mais où l'élite des cavaliers romains, bien qu'entourée, et après le premier moment de surprise combattant à pied et à cheval, fit plus de mal qu'elles n'en reçut à la cavalerie d'Annibal et ramena au camp son général blessé. Les Romains, en outre, étaient solidement commandés par un homme de tête et de cœur, le consul Emilius, qui, sa cavalerie défaite, au lieu de fuir, alla se faire tuer dans les rangs de l'infanterie.

Et cependant nous voyons 3000 à 3400 cavaliers romains à peu près exterminés par 6 à 7000 Gaulois et Espagnols, qui ne payent pas même de 200 hommes cette extermination, puisque toute la cavalerie d'Annibal ne perdit que 200 hommes dans la journée.

Comment expliquer cela?

Parce que la plupart sont morts sans même songer à faire payer leur vie, parce qu'ils ont pris la fuite pendant le combat du premier rang et ont été impunément frappés par derrière. Ces mots de Polybe : « La plupart demeurèrent sur place après s'être défendus avec la dernière valeur, » sont des mots consacrés, et bien avant Polybe ; les vaincus se consolent par l'idée de leur bravoure, et les vainqueurs ne démentent jamais. Par malheur, les chiffres sont là. De quelque manière qu'on essaye d'envisager ce combat, on est obligé de le voir très court, comme il fut en effet d'après le récit, ce qui supprime l'acharnement. Les cavaliers gaulois et romains avaient chacun déjà fait un grand effort de bravoure en s'abordant de front ; cet effort est suivi de l'angoisse terrible d'un combat de près ; les cavaliers romains les premiers, qui par derrière les combattants à pied pouvaient voir la deuxième ligne gauloise à cheval, n'y tiennent plus. La peur bien vite fait remonter à cheval et tourner bride aux rangs innocupés, qui livrent leurs compagnons et se livrent eux-mêmes, comme un troupeau de moutons en déroute, au fer des vainqueurs.

Et cependant ces cavaliers étaient des hommes braves, c'était l'élite de l'armée, des chevaliers, des extraordinaires ou garde alliée des consuls, des volontaires de nobles familles.

La cavalerie romaine défaite, Asdrubal mène ses cavaliers gaulois et espagnols, en passant derrière l'armée d'Annibal, à l'attaque de la cavalerie alliée, jusque-là maintenue par les Numides [1]. La cavalerie des alliés n'attendit pas l'ennemi. Elle tourna de suite le dos ; poursuivie à outrance par les Numides, qui étaient nombreux (3000) et qui excellaient à la poursuite, elle fut exterminée à 300 hommes près, et sans combat.

Après l'escarmouche et l'écoulement des infanteries

---

[1]. Les cavaliers numides étaient une cavalerie légère irrégulière, excellente pour escarmoucher, inquiéter, effrayer même par ses cris désordonnés, son galop effréné ; ne pouvant tenir contre une cavalerie régulière disciplinée pourvue de mors et d'armes solides, mais essaim de mouches qui toujours harcèle et à la moindre faute tue ; mais insaisissable, parfaite pour une poursuite longue et le massacre des vaincus, auxquels elle ne laissait ni repos ni trêve ; cavalerie arabe, mal armée pour le combat, mais assez pour l'égorgement, comme il paraît d'après les résultats. Le couteau arabe, le couteau kabyle, le couteau indien, de nos jours, qui fait la jouissance du vainqueur barbare ou sauvage (les Indiens scalpent, les Arabes saignent et mutilent), devait jouer son rôle.

légères, les infanteries de ligne s'abordèrent. Polybe nous a expliqué comment l'infanterie romaine en arriva à se laisser resserrer entre les deux ailes de l'armée carthaginoise et fut prise, dit-on, par derrière par la cavalerie d'Asdrubal. Il est probable aussi que les Gaulois et les Espagnols, repoussés dans la première partie de l'action et forcés de tourner le dos, revinrent, aidés d'une partie de l'infanterie légère, à la charge sur la tête de l'angle formé par les Romains et achevèrent de les cerner.

Mais nous savons, on le verra d'ailleurs un peu plus loin par des exemples tirés de César, que le cavalier antique est impuissant contre l'infanterie en ordonnance, contre le fantassin même isolé, ayant le moindre sang-froid, et la cavalerie espagnole et gauloise dut trouver derrière l'armée romaine les triaires resserrés [1], armés de piques et soldats solides. Elle dut en maintenir une partie, la forcer à lui faire face, mais leur faire peu ou point de mal tant que les rangs furent conservés.

Nous savons que l'infanterie d'Annibal qui portait les armes romaines se composait au plus de 12 000 hommes ; nous savons que son infanterie gauloise et espagnole, défendue par un simple bou-

---

1. Ils formaient la troisième ligne romaine d'après l'ordre de bataille de la légion. La formation de la première ligne en pointe dut naturellement les resserrer, en arrière, à l'ouverture de l'angle.

clier, avait dû reculer, tourner le dos, et probablement avait déjà perdu bien près des 4000 hommes que la bataille coûta aux Gaulois.

Déduisons les 10 000 hommes qui sont allés à l'attaque du camp d'Annibal et les 5000 que celui-ci a dû y laisser. Il reste :

Une masse de 70 000 hommes qui est cernée et égorgée par 28 000 fantassins et, en comptant la cavalerie d'Asdrubal, par 36 000 hommes, par moitié nombre.

On peut se demander comment 70 000 hommes se sont ainsi laissés égorger, pour vrai dire sans défense, par 36 000 moins bien armés, alors que chaque combattant n'avait en face de lui qu'un homme ; car dans le combat de près, et surtout sur un développement aussi grand, les combattants immédiatement engagés sont en nombre égal dans la troupe qui cerne et dans celle qui est cernée. Il n'y avait là ni canons ni fusils pouvant piocher par des feux convergents dans la masse et la détruire par la supériorité du feu convergent sur le feu divergent ; les traits s'étaient épuisés dans la première période de l'action. Il semble que, par leur masse elle-même, les Romains devaient opposer une résistance impossible à vaincre, et qu'après avoir laissé l'ennemi s'user contre elle, cette masse n'avait qu'à se détendre pour repousser comme paille les assaillants.

Mais elle est exterminée.

Lorsque, à la suite des Gaulois et des Espagnols, qui certes ne pouvaient tenir à moral égal contre les armes supérieures des légionnaires, le centre poussait vigoureusement devant lui ; lorsque les ailes, afin de le soutenir et de ne pas perdre les intervalles, suivaient son mouvement en se rapprochant par une marche oblique en avant et formaient les bas-côtés du saillant, l'armée romaine tout entière, en ordre de coin, marchait à la victoire ; et voilà que tout à coup les ailes sont abordées par les bataillons africains ; les Gaulois, les Espagnols [1] en retraite reviennent sur la tête ; — les cavaliers d'Asdrubal, sur les derrières, attaquent les réserves [2] ; — partout le combat ; — sans s'y attendre, sans être prévenus, au moment où ils se croyaient vainqueurs, partout, en avant, à droite, à gauche, en arrière, les soldats romains entendent les clameurs furieuses des combattants [3].

La pression physique était peu de chose ; — les rangs qu'ils combattaient n'avaient pas la moitié de l'épaisseur des leurs. — La pression morale était

---

1. Ramenés par Annibal, qui s'était réservé le commandement du centre.
2. Les triaires, la troisième ligne romaine.
3. On sait combien, au combat sous Alise, les soldats de César, prévenus par lui cependant, furent troublés par les cris du combat qui se passait derrière eux. Le bruit du combat derrière soi a toujours démoralisé les troupes.

énorme. L'inquiétude, puis l'épouvante les prit; les premiers rangs, fatigués ou blessés, veulent se retirer; mais les derniers rangs, effarés, reculent, lâchent pied et viennent tourbillonner dans l'intérieur du triangle; démoralisés, ne se sentant point soutenus, les rangs engagés les suivent, et la masse sans ordre se laisse égorger. Les armes leur tombèrent des mains..., dit Polybe.

L'analyse de Cannes est terminée. Avant de passer au récit de Pharsale, nous ne pouvons résister à la tentation, bien que la chose soit un peu hors du sujet, de dire encore quelques mots sur les combats d'Annibal.

Ces combats ont un caractère particulier d'acharnement qui s'explique par la nécessité de dominer la ténacité romaine. On dirait qu'il ne suffit pas à Annibal de la victoire; il veut la destruction, et ses moyens tendent toujours à l'obtenir en coupant toute retraite à l'ennemi; il sait bien qu'avec Rome la destruction est le seul moyen d'en finir.

Il ne croit pas chez les masses au courage du désespoir; il croit à la terreur, et il connaît pour l'inspirer toutes les ressources de l'imprévu.

Mais ce ne sont pas les pertes des Romains qui sont ce qu'il y a de plus étonnant dans ces combats : ce sont les pertes d'Annibal. Qui a perdu autant contre les Romains, avant lui, après lui, n'a jamais été vainqueur. Maintenir au combat, jusqu'à ce que la victoire s'ensuive, des troupes qui ont fait de telles pertes, est d'une main bien puissante.

Il inspirait à son monde une confiance absolue. Presque toujours son centre, où il plaçait ses Gaulois, sa chair à canon, est enfoncé; mais cela ne paraît inquiéter, troubler ni lui ni ses soldats.

On peut répondre que ce centre percé l'était par des gens qui échappaient à la pression de l'armée romaine entre les deux ailes carthaginoises; que ces gens étaient en désordre, car ils avaient combattu et poussé les Gaulois, qu'Annibal savait faire battre avec une singulière ténacité ; qu'ils se sentaient, à ce qui se passe derrière eux, comme échappés de dessous un pressoir, et — trop heureux d'en être hors — ne songeaient qu'à s'éloigner de la bataille et nullement à revenir sur les flancs ou les derrières de l'ennemi; que du reste sans doute Annibal, bien qu'il n'en soit rien dit, avait pris ses précautions contre toute idée de leur part de revenir à la lutte.

Tout cela est vrai ou probable ; la confiance des troupes ainsi percées n'en est pas moins étonnante.

Annibal, pour inspirer à son monde une pareille confiance, devait lui exposer avant le combat ses moyens d'action, dans la mesure où naturellement une trahison n'aurait pu lui nuire; il devait le prévenir qu'il serait percé, mais n'avait à s'en préoccuper aucunement, parce que c'était chose prévue et parée ; et ses troupes en effet ne s'en préoccupent pas.

En laissant de côté ses conceptions de campagnes, sa plus grande gloire aux yeux de tous, Annibal est bien certainement le plus grand général de l'antiquité par son admirable intelligence du moral du combat, du moral du soldat, soit sien, soit ennemi, du fond que l'on peut en faire dans les différentes péripéties d'une guerre, d'une campagne, d'une action. Ses soldats ne sont pas meilleurs que les soldats romains; ils sont moins bien armés, moitié moins nombreux; cependant il est toujours vainqueur, parce que ses moyens sont avant tout des moyens moraux, et que toujours, sans parler de l'absolue confiance de son monde, il a la ressource, quand il commande une armée bien à lui, de mettre par une combinaison quelconque l'ascendant moral de son côté.

Il avait en Italie, dit-on, une cavalerie supérieure à la cavalerie romaine. Mais les Romains avaient une infanterie bien supérieure. Changez les rôles; bien certainement, il trouvera le moyen de battre peut-être encore mieux les Romains. Les moyens d'action ne valent que par l'emploi qu'on en sait faire, et Pompée, nous le verrons, se fait battre à Pharsale précisément parce qu'il a une cavalerie supérieure à celle de César.

Si Annibal est vaincu à Zama, c'est que le génie a

toujours pour limite l'impossible ; Zama nous prouve encore la connaissance parfaite de l'homme que possédait Annibal, et sa puissance d'action sur les troupes. Sa troisième ligne, la seule où il eut des soldats en somme, est la seule qui combatte ; et avant d'être vaincue, prise de tous côtés, elle met 2000 Romains par terre.

Nous comprendrons plus loin quel moral et quel acharnement cela suppose.

CHAPITRE IV

ANALYSE DE LA BATAILLE DE PHARSALE ET QUELQUES CITATIONS CARACTÉRISTIQUES

Voici maintenant, d'après César, le récit de la bataille de Pharsale :

« Lorsque César se fut approché du camp de Pompée, il remarqua que son armée était placée dans l'ordre suivant :

« A l'aile gauche étaient les deux légions nommées la première et la troisième, que César avait envoyées à Pompée au commencement des troubles, en vertu d'un décret du Sénat; c'est là que se tenait Pompée. Scipion occupait le centre, avec les légions de Syrie. La légion de Cilicie, jointe aux cohortes espagnoles qu'avait amenées Afranius, était placée à l'aile droite.

Pompée regardait les troupes que nous venons de voir ainsi placées comme les plus solides de son armée. Entre elles, c'est-à-dire entre le centre et les ailes, il avait distribué le reste, et comptait en ligne 110 cohortes (complètes). C'étaient 45 000 hommes; 2000 vétérans, précédemment récompensés pour leurs services, étaient venus le rejoindre ; il les avait dispersés dans toute la ligne de bataille. Les autres cohortes, au nombre de sept, avaient été laissées à la garde de son camp et des forts voisins. Son aile droite était appuyée à un ruisseau de rives inabordables ; et pour cette raison il avait mis toute sa cavalerie (7000 hommes)[1], ses archers et ses frondeurs (4200 hommes) à l'aile gauche.

« César, gardant son ancien ordre de bataille[2], avait placé la 10e légion à l'aile droite, et à l'aile gauche la 9e, quoique fort affaiblie par les combats de Dyrrachium ; à celle-ci il adjoignit la 8e pour faire à peu près une légion avec les deux, et il leur recommanda de se soutenir l'une l'autre. Il avait en ligne 80 cohortes constituées (fort incomplètes), montant à

---

1. Sa cavalerie consistait en 7000 chevaux, dont 500 Gaulois ou Germains, les meilleurs cavaliers de ce temps, 900 Galates, 500 Thraces, et des Thessaliens, Macédoniens, Italiens en divers nombres.
2. Les légions de César étaient, chacune dans son ordre de bataille, placées sur trois lignes : 4 cohortes en 1re ligne, 5 en 2e, 3 en 3e. Ainsi les cohortes d'une légion étaient toujours, en bataille, soutenues par des cohortes de la même légion.

22 000 hommes. Deux cohortes avaient été laissées à la garde du camp. César avait donné le commandement de l'aile gauche à Antoine, celui de la droite à P. Sylla, celui du centre à C. Domitius. Pour lui, il se plaça en face de Pompée. Mais, après avoir reconnu la disposition de l'armée ennemie, craignant que son aile droite ne fût enveloppée par la nombreuse cavalerie de Pompée, il tira au plus tôt de sa 3ᵉ ligne une cohorte de chaque légion (6 cohortes), en forma une 4ᵉ ligne, la disposa pour recevoir cette cavalerie et lui montra ce qu'elle avait à faire; puis il avertit bien ces cohortes que le succès de la journée dépendait de leur valeur. En même temps, il commanda à toute l'armée, et en particulier à la 3ᵉ ligne, de ne pas s'ébranler sans son ordre, se réservant quand il le jugerait à propos de donner le signal au moyen de l'étendard.

« César parcourt ensuite ses lignes pous exhorter son monde à bien faire et, le voyant plein d'ardeur, fait donner le signal.

« Entre les deux armées, il ne restait que juste assez d'espace pour que chacune eût le champ nécessaire à la charge. Mais Pompée avait recommandé à son monde qu'il attendît la charge sans bouger, et laissât l'armée de César rompre ses rangs. Il en faisait ainsi, dit-on, d'après l'avis de C. Triarius, afin d'annuler la force du premier élan chez les soldats de César, afin que leur ordre de combat fût disjoint, et que les soldats de Pompée, bien disposés dans leurs rangs, n'eussent plus à recevoir l'épée à la main que des hommes en désordre; il pensait encore, ses troupes restant sur place au lieu de courir au-devant des traits lancés, amortir d'autant la force de chute des pilums, et en même temps il espérait que les soldats de César, par cette charge d'une course double, seraient hors d'haleine et accablés de fatigue. Cette recommandation d'immobilité nous paraît être une erreur de Pompée, parce qu'il est chez tous une animation, une ardeur naturelle qui s'enflamme par l'élan au combat; les généraux ne doivent point réprimer, mais augmenter cette excitation, et ce n'est pas en vain qu'il a été établi, dans les temps antiques, que les troupes doivent pousser de grands cris, toutes les trompettes sonner, dans la marche au combat, afin d'épouvanter l'ennemi et d'exciter les siens.

« Cependant nos soldats, au signal donné, s'élancent le pilum à la main, mais ayant remarqué que ceux de Pompée ne couraient point à eux, instruits par l'expérience et formés par les combats précédents, ils ralentissent d'eux-mêmes et s'arrêtent au milieu de leur course, pour ne pas arriver hors d'haleine et à bout de forces; et quelques moments après, ayant repris leur cource, ils lancent leurs pilums et puis immédiatement, selon l'ordre de

César, mettent l'épée à la main. Les Pompéiens se comportent parfaitement; ils reçoivent courageusement les traits, ils ne bougent pas devant l'élan des légions, ils conservent leurs rangs et, leurs pilums envoyés, s'arment de l'épée.

« En même temps, toute la cavalerie de Pompée s'élance de l'aile gauche, comme elle en avait reçu l'ordre, et la foule de ses archers se répand de toute part. Notre cavalerie n'attend pas la charge, mais elle cède le terrain en reculant un peu. La cavalerie de Pompée n'en devient que plus pressante et commence à développer ses escadrons et à nous tourner par notre flanc découvert. Aussitôt que César voit son intention, il donne le signal à sa 4ᵉ ligne, composée de six cohortes. Celles-ci s'ébranlent aussitôt et (enseignes baissées) chargent avec tant de vigueur et de résolution les cavaliers pompéiens, que pas un ne tient, et que tous, ayant tourné bride, non seulement quittent la place, mais, pressés par la fuite, gagnent au plus vite les plus hautes montagnes. Eux partis, les archers et les frondeurs, abandonnés sans défense et sans protection, sont tous tués. Du même pas, les cohortes se portent derrière l'aile gauche de Pompée, dont l'armée combat et résiste toujours, et l'abordent à dos.

« En même temps, César fait avancer sa troisième ligne, qui jusqu'à ce moment s'était tenue tranquille à son poste. Ces troupes fraîches ayant relevé celles qui étaient fatiguées, les soldats de Pompée, d'un autre côté pris à dos, ne peuvent plus tenir, et tous prennent la fuite.

« César ne s'était pas trompé lorsqu'il avait dit à ses cohortes qu'il plaçait en 4ᵉ ligne contre la cavalerie, en les exhortant à bien faire, que par elles commencerait la victoire. Par elles, en effet, la cavalerie fut repoussée, par elles la troupe des frondeurs et des archers fut taillée en pièces, et par elles l'aile gauche de Pompée fut tournée, ce qui décida la déroute.

« Dès que Pompée vit sa cavalerie repoussée et cette partie de l'armée sur laquelle il comptait le plus saisie de terreur, se fiant peu au reste, il quitta la bataille et courut à cheval à son camp, où, s'adressant aux centurions qui gardaient la porte prétorienne, il leur dit à haute voix pour être entendu des soldats : Gardez bien le camp, et défendez-le vigoureusement en cas de malheur; pour moi, je vais faire le tour des autres portes et assurer la défense des postes.

« Cela dit, il se retire au prétoire, désespérant du succès et cependant attendant l'événement.

« Après avoir forcé les ennemis en déroute à se jeter dans leurs retranchements, César, persuadé qu'il ne devait pas donner le moindre répit à leur épouvante, exhorta ses soldats à profiter de leur avantage et à attaquer le camp; et ceux-ci, bien qu'accablés par la chaleur, car le combat s'était prolongé jusqu'au milieu du jour, ne refusèrent aucune fatigue et obéirent. Le camp fut d'abord bien défendu par les cohortes qui en avaient la garde et surtout par les Thraces et les barbares; car, pour les soldats qui avaient fui de la bataille, pleins de frayeur et accablés de fatigue, ils avaient presque tous jeté leurs armes et leurs enseignes et songeaient bien plus à se sauver qu'à défendre le camp. Bientôt même, ceux qui tenaient bon sur le retranchement ne purent résister à la nuée des traits; couverts de blessures, ils abandonnèrent la place, et, conduits par leurs centurions et leurs tribuns, ils se réfugièrent au plus vite sur les hautes montagnes qui avoisinaient le camp.

« César ne perdit dans cette bataille que 200 soldats; mais environ 30 centurions des plus braves y furent tués... De l'armée de Pompée, il périt environ 15 000 hommes, et plus de 24 000 qui s'étaient réfugiés sur la montagne, et que César avait fait cerner de retranchements, vinrent se rendre le lendemain. »

Tel est le récit de César. Les choses ressortent si clairement de ce récit qu'il est à peine besoin de commentaires.

César avait l'ordre de bataille habituel sur trois lignes, consacré dans les armées romaines, sans être absolu cependant, puisque l'on voit Marius combattre sur deux seulement; mais, nous l'avons dit, suivant l'occasion, le génie du chef modifiait. Il n'y a pas lieu de supposer que l'armée de Pompée fût en ordre différent.

Pour faire face à cette armée double de la sienne, César, s'il eût conservé l'ordonnance sur dix rangs de la cohorte, n'aurait pu former qu'une première ligne et ensuite une deuxième, de moitié nombreuse, comme réserve; mais il connaissait la valeur de ses troupes et il savait, nous l'avons dit aussi, à quoi s'en tenir sur la force apparente des rangs profonds. Aussi il n'hésite pas à diminuer son épaisseur pour conserver intacts l'ordre et le moral des trois cinquièmes de ses troupes, jusqu'au moment de leur engagement; et, afin d'être plus sûr de sa troisième ligne, de sa réserve, afin qu'elle ne cède pas à l'entraînement de se distraire de son anxiété par l'action, il lui fait des recommandations toutes particulières, et peut-être, car le texte prête à interprétation, la tient à distance double de l'habitude en arrière des combattants.

Ensuite, dans le but de parer au mouvement tournant des 7000 cavaliers et des 4200 frondeurs et archers de Pompée, mouvement dans lequel celui-ci met l'espoir de la journée, il dispose six cohortes, qui représentent à peine 2000 hommes. Il a confiance parfaite que ces 2000 hommes feront tourner bride à cette cavalerie, et ses 1000 cavaliers à lui sauront bien alors si vivement la pousser qu'elle ne songera même pas à se rallier. Ainsi arrive, et les 4200 archers et frondeurs sont égorgés comme des moutons par ces cohortes, aidées, sans doute, des 400 fantassins [1] jeunes et agiles que César mêlait à ses 1000 cavaliers et qui restèrent à cette besogne, laissant les cavaliers, qu'ils eussent ralentis, poursuivre les fuyards talonnés par la peur.

Voilà 7000 cavaliers balayés et 4200 fantassins, égorgés sans combat, tous démoralisés simplement par une démonstration vigoureuse.

L'ordre d'attendre la charge donné par Pompée à son infanterie est jugé trop sévèrement par César. Certainement il a raison en thèse générale ; il ne faut point refroidir l'élan des troupes, et l'initiative de l'attaque donne en effet à l'assaillant un certain ascendant moral. Mais avec des soldats solides et dûment prévenus on peut tenter un piège, et les soldats de Pompée ont prouvé leur solidité en attendant sur place et sans broncher un ennemi en bon

---

1. César dit précédemment que, pour suppléer à l'infériorité numérique de sa cavalerie, il avait choisi 400 jeunes gens (*adolescentes*) des plus alertes parmi ceux qui marchaient en avant des enseignes (*ex antesignatis*) et par des exercices quotidiens les avait accoutumés à combattre entre ses cavaliers (*inter equites prœliari*). Il avait ainsi obtenu ce résultat que ses mille cavaliers osaient en rase campagne tenir tête aux 7000 cavaliers de Pompée, sans se laisser épouvanter de leur multitude (*neque magnopere eorum multitudine terrerentur*).

ordre et plein de vigueur, alors qu'ils comptaient le recevoir en désordre et hors d'haleine. Quoiqu'il n'ait pas réussi, le conseil de Triarius n'était donc point mauvais; la conduite même des soldats de César le prouve; et ce conseil et cette conduite montrent quelle était l'importance du rang matériel dans le combat antique; en assurant le soutien, le secours mutuel, il faisait la confiance du soldat.

Malgré donc que les soldats de César eussent l'initiative de l'attaque, le premier choc ne décide de rien. Il y a combat sur place, combat de plusieurs heures, et voilà 45 000 hommes de bonnes troupes, qui après une lutte où ils perdent à peine 200 hommes, — car, avec armes, courage, escrime égales, l'infanterie de Pompée ne doit point perdre face à face plus que celle de César, — voilà 45 000 hommes qui lâchent pied et, du champ de bataille à leur camp, sont égorgés au nombre de 12 000.

Les soldats de Pompée avaient deux fois la profondeur des rangs de César; l'ennemi, dans son élan, ne les a point fait reculer d'un pas; d'autre part, leur masse est impuissante à le repousser, et l'on combat sur place. Pompée leur avait annoncé, dit César, que l'armée ennemie serait tournée par sa cavalerie, et tout à coup, alors qu'ils luttent bravement, pied à pied, ils entendent derrière eux les clameurs d'attaque des six cohortes de César (2000 hommes).

Il semble que, pour une masse semblable, parer à ce danger était chose facile. Non. L'aile ainsi prise à dos lâche pied ; de proche en proche, la contagion de la peur entraîne le reste ; et l'épouvante est si grande qu'ils ne songent pas à se reformer dans leur camp un moment défendu par les cohortes de garde. Comme à Cannes, les armes leur tombent des mains. Sans la bonne contenance des gardes du camp qui a permis aux fuyards de gagner la montagne, les 24 000 prisonniers du lendemain eussent fait des cadavres ce jour-là.

Cannes et Pharsale pourraient à la rigueur suffire pour faire comprendre le combat antique. Ajoutons cependant quelques autres citations caractéristiques, que nous choisirons brèves et telles qu'elles se présentent dans l'ordre des temps ; les renseignements seront plus complets [1].

Tite-Live raconte que dans un combat contre les peuples des environs de Rome, je ne sais plus lequel, les Romains n'osèrent poursuivre, de peur de rompre leurs rangs.

---

1. Ils le seront tout à fait pour qui voudra lire *in extenso* : dans Xénophon, le combat des dix mille contre Pharnabase en Bithynie, § 34, page 569, édition Lisken et Sauvan ; — dans Polybe, le combat du Tésin, chapitre XIII du livre III ; — dans César ou ses continuateurs, les combats contre Scipion, Labiénus et Afranius, les Gétules et les Numides, § 61, page 282, et § 69, 70, 71 et 72, pages 283, 285 et 286, dans la *Guerre d'Afrique*, édition Lisken et Sauvan.

Dans un combat contre les Herniques, il montre les cavaliers romains, qui n'ont pu rien faire à cheval pour ébranler l'ennemi, demandant au consul à mettre pied à terre pour combattre en fantassins. — Et ceci n'est point particulier aux cavaliers romains; on voit plus tard les meilleurs cavaliers, les Gaulois, les Germains, les Parthes même, mettre pied à terre pour combattre réellement.

Les Volsques, les Latins, les Herniques, etc., sont réunis en multitude pour combattre les Romains; l'action touche à sa fin, et Tite-Live raconte : « Enfin les premiers rangs étant tombés, chacun, *voyant le carnage arriver jusqu'à lui*, prit la fuite; puis, pressés, ils *jettent leurs armes* et se dispersent pour fuir, et alors s'élance la cavalerie, ayant l'ordre non de tuer les isolés, mais de gêner la foule avec ses traits, de ne cesser de l'inquiéter, de la ralentir en un mot, et d'empêcher la dispersion afin de permettre à l'infanterie d'arriver et de massacrer. »

Au combat d'Amilcar contre les mercenaires révoltés, qui jusque-là avaient toujours battu les Carthaginois, les mercenaires croyaient l'envelopper. Amilcar les surprend par une manœuvre nouvelle pour eux, et il les bat. Il marche sur trois lignes : éléphants, cavalerie et infanterie légère, puis phalanges des pesamment armés. A l'approche des mercenaires, qui marchent vigoureusement à son encontre, les deux lignes formées par les éléphants, les cavaliers et l'infanterie légère, tournent le dos et vont au plus vite se placer sur les ailes de la 3ᵉ ligne ; la 3ᵉ ligne ainsi découverte rencontre un ennemi qui croyait n'avoir plus qu'à poursuivre, le surprend par conséquent, le met en fuite, et le livre ainsi à l'action des éléphants, des chevaux et des armés à la légère, qui massacrent les fuyards.

Amilcar tue 6000 hommes, en prend 2000 et perd si peu de monde qu'il n'en est pas question, ne perd personne sans doute, puisqu'il n'y eut pas de combat.

A Trasimène, les Carthaginois perdent 1500 hommes, presque tous Gaulois, les Romains 15 000 et 15 000 prisonniers. Combat acharné de trois heures.

A Zama, Annibal a 20 000 tués, 20 000 prisonniers, les Romains 2000 tués. Combat sérieux avec la 3ᵉ ligne d'Annibal, qui seule a combattu et n'a cédé que sous l'attaque en queue et en flanc de la cavalerie Massinissa.

A la bataille de Cynocéphale, entre Philippe et Flaminius, Philippe presse Flaminius avec sa phalange de 32 de profondeur. Vingt manipules prennent la phalange en queue. La bataille est perdue par Philippe. Les Romains comptent 700 tués, les Macédoniens 80 000 et 5000 pris.

A Pydna, — Paul-Emile contre Persée, — la phalange marche sans pouvoir être arrêtée ; mais elle se disjoint naturellement suivant le plus ou moins de résistance qu'elle rencontre. Des centuries pénètrent dans les crevasses du bloc et tuent les soldats embarrassés de leurs longues piques et qui ne sont forts qu'unis, de front, et à longueur de bois. Effroyable désordre et tuerie : 20 000 tués, 5000 pris sur 44 000 ! L'historien ne daigne pas parler des pertes romaines.

Bataille d'Aix contre les Teutons. Marius les fait surprendre par derrière. Affreux carnage : 100 000 Teutons, 300 Romains tués [1].

Bataille de Chéronée, de Sylla contre Archélaüs, lieutenant de Mithridate : Sylla a une trentaine de mille hommes, Archélaüs 110 000. Archélaüs est battu par surprise de derrière. Les Romains perdent 14 hommes et tuent jusqu'à épuisement de poursuite.

Bataille d'Orchomène contre le même; répétition de Chéronée.

César raconte que sa cavalerie ne pouvait combattre les Bretons sans s'exposer beaucoup, parce que ceux-ci feignaient de fuir pour l'éloigner de l'infanterie, et qu'alors, s'élançant de leurs chariots de guerre, ils la *combattaient à pied avec avantage.*

---

1. Après le combat antique, il n'y avait guère que des morts ou des blessures légères. — Dans l'action, la blessure grave qui vous jetait par terre ou paralysait vos forces était immédiatement suivie du coup de grâce....

Un peu moins de 200 vétérans embarqués sur un navire se font échouer la nuit, pour n'être point pris par des forces navales supérieures. Ils atteignent un poste avantageux et y passent la nuit. A la pointe du jour, Otacilius envoie contre eux environ 400 cavaliers et quelque infanterie de la garnison d'Alesio. Ils se défendirent vaillamment ; et, après en avoir tué plusieurs, ils rejoignirent les troupes de César sans qu'ils eussent perdu un seul homme.

L'arrière-garde de César est atteinte par la cavalerie de Pompée au passage de la rivière Génusus, en Macédoine, dont les bords sont fort escarpés. César oppose à la cavalerie de Pompée, forte de 5000 à 7000 hommes, sa cavalerie, 600 à 1000 hommes, parmi lesquels il avait soin d'entremêler 400 fantassins d'élite ; ils firent si bien leur devoir que, dans le combat qui s'engagea, ayant repoussé les ennemis, ils en tuèrent plusieurs et se replièrent sur le gros de l'armée sans perte d'un seul homme.

A la bataille de Thapse, en Afrique, contre Scipion, César tue 10 000 hommes, en perd 50 et a quelques blessés.

A la bataille sous les murs de Munda (Espagne) contre un des fils de Pompée, César a 80 cohortes et 8000 chevaux, environ 48 000 hommes.

Pompée a 13 légions, 60 000 hommes de troupe de ligne, 6000 cavaliers, 6000 fantassins légers,

6000 auxiliaires, en tout près de 80 000 hommes. Le combat, dit le narrateur, fut vaillamment soutenu, pied à pied [1], glaive à glaive. Dans cette bataille d'un acharnement exceptionnel, où les chances longtemps balancées furent au moment de tourner contre César, celui-ci eut 1000 morts, 500 blessés ; Pompée, 33 000 morts, et, si Munda n'eût été si près (à deux milles à peine), ses pertes eussent été doubles. On construisit les contrevallations de Munda avec les cadavres et les armes.

En étudiant les combats antiques, on voit que c'est presque toujours une attaque de flanc ou de queue, un effet de surprise quelconque qui gagne les batailles, surtout contre les Romains ; c'est ainsi que se trouvait parfois déconcertée leur tactique excellente, si excellente qu'un général romain qui valait seulement la moitié de son adversaire était sûr de le battre. Je ne les vois jamais vaincus autrement : Xantippe, Annibal, aspect, manières de combattre imprévues des Gaulois, etc., etc.

Xénophon dit quelque part, en effet : « Quelque chose que ce soit, ou agréable ou terrible, moins on l'a prévue, plus elle cause de plaisir ou d'effroi. Cela ne se voit nulle part mieux qu'à la guerre, où

---

[1]. Le pied à pied, le glaive à glaive, sérieux, à courte distance, était donc un peu rare. De même, d'ailleurs, dans les duels de nos jours, où l'on voit rarement les épées franchement croisées.

toute suprise frappe de terreur ceux même qui sont de beaucoup les plus forts. »

Les combattants armés de cuirasses et de boucliers ne perdaient que très peu de monde dans le combat de face.

Dans ses victoires, Annibal ne perd pour ainsi dire que des Gaulois, sa chair à canon, combattant avec de mauvais boucliers et sans armures.

Presque toujours enfoncés, ils luttent cependant avec une ténacité qu'on ne trouve plus chez eux, ni avant ni après lui.

Thucydide caractérise le combat des armées à la légère, en disant dans un récit : « Comme d'habitude, les armées à la légère se mirent réciproquement en fuite [1]. »

Dans le combat à rangs serrés, il y avait poussée mutuelle, mais peu de perte, les hommes n'ayant pas la liberté de frapper à leur guise et de toute leur force.

César contre les Nerves, voyant au milieu de l'action son monde instinctivement serré pour résister à la masse des barbares, plier cependant sous la poussée, *fait ouvrir ses rangs, ses files*, afin que ses légionnaires, qui, serrés en masse, étaient paralysés et forcés de céder à une pression plus forte, puissent

---

[1]. Aujourd'hui, ce sont les tirailleurs qui seuls ou à peu près font l'œuvre de destruction.

tuer et parconséquent démoraliser l'ennemi. Et en effet, sitôt qu'au premier rang des Nerves on tomba sous les coups des légionnaires, il y eut arrêt, recul, — puis, sous une attaque en queue, tourbillon, défaite de cette masse [1].

CHAPITRE V

MÉCANISME MORAL DU COMBAT ANTIQUE

Nous voilà éclairés sur le moral et le mécanisme du combat antique ; l'expresssion de mêlée, employée par les anciens, était mille fois plus forte que la chose à exprimer ; elle voulait dire mêlée, croisement des armes, non mêlée des hommes.

Les résultats des combats comme pertes mutuelles suffisent à le démontrer, et un instant de réflexion nous fait voir l'erreur de la mêlée. Si dans la poursuite on pouvait se lancer au milieu de moutons, dans le combat chacun avait trop besoin de son suivant, de son voisin, qui gardaient ses flancs et son

---

[1]. Que devient, en présence du narré de César, la théorie mathématique des masses, dont on discute encore? Si cette théorie avait le moindre fondement, comment jamais Marius eût-il pu tenir contre la marée montante des armées des Cimbres et des Teutons?

Au combat de Pharsale, le conseil donné par Triarius à l'armée de Pompée, conseil suivi et qui était d'un homme d'expérience, ayant vu les choses de près, montre que le choc, l'impulsion physique de la masse était un mot. — On savait qu'en penser.

dos, pour aller de gaieté de cœur se faire tuer à coup sûr dans les rangs ennemis [1].

Avec la mêlée, du reste, où eussent été les vainqueurs ?

Avec la mêlée, César à Pharsale, Annibal à Cannes, eussent été vaincus ; leurs rangs, moins profonds, pénétrés par l'ennemi, eussent dû combattre deux contre un, eussent même été pris à dos par suite de la pénétration d'outre en outre.

N'a-t-on pas vu encore, entre troupes également solides et acharnées, la lassitude mutuelle amener, d'un accord tacite, un recul de part et d'autre et une reprise d'haleine pour recommencer après ?

Comment la chose serait-elle possible avec la mêlée ?

Et puis, nous le répétons, avec la mêlée, le mé-

---

[1]. Le *en-avant isolé*, dans le combat moderne, au milieu de projectiles aveugles qui ne choisissent pas, est bien moins périlleux que le *en-avant* antique, car il ne conduit jamais, sinon parfois dans un assaut, jusqu'à l'ennemi.

A Pharsale, le volontaire Crastinius, ancien centurion, se porte en avant avec une centaine d'hommes, en disant à César : « Je vais faire en sorte, mon général, que, vivant ou mort aujourd'hui, vous ayez sujet de vous louer de moi. »

César, auquel ne déplaisaient point ces exemples de dévouement aveugle à sa personne et qui savait bien, *comme elles l'ont montré*, ses troupes trop réfléchies, trop expérimentées, pour craindre la contagion d'un pareil exemple, César laisse faire ; et Crastinius et ses quelques compagnons vont se faire tuer.

Cet aveugle courage d'enfants perdus peut, du reste, préparer l'action de la masse qui suit. C'est probablement pour cela que César l'a permis. Mais contre des troupes solides, l'exemple de Crastinius le prouve, aller ainsi de l'avant, si l'on va jusqu'à l'ennemi, c'est aller à une mort certaine.

lange des combattants, il y aurait extermination mutuelle, mais pas de vainqueurs. Comment se reconnaîtraient-ils ?

Conçoit-on deux foules mélangées par hommes ou par groupes, où chacun, occupé de face, peut être impunément frappé de côté ou par derrière? C'est une extermination mutuelle, où la victoire appartient au dernier survivant, car dans ce mélange, cette mêlée, nul ne peut fuir, ne sait où fuir.

Les pertes mutuelles ne sont-elles pas du reste une démonstration suffisante?

Le mot est donc trop fort; c'est l'imagination des peintres et des poètes qui a vu la mêlée.

Voici comment se passaient les choses :

A distance de charge, on marchait à l'ennemi de toute la vitesse compatible avec l'ordre nécessaire à l'escrime et au soutien mutuel des combattants. Bien souvent, l'*impulsion morale*, cette résolution d'aller jusqu'au bout qui se manifeste à la fois par l'ordre et la franchise de l'allure, cette impulsion seule mettait en fuite un ennemi moins résolu.

D'habitude, entre bonnes troupes, il y avait choc, mais non point choc aveugle et tête baissée de la masse ; la préoccupation du rang [1] était très grande,

---

[1]. Les camarades du manipule, de la compagnie romaine, se donnaient le serment mutuel de *ne jamais quitter* le rang, sinon pour ramasser un trait, sauver un camarade (un citoyen romain), tuer un ennemi. (Tite-Live.)

ainsi que le montre la conduite des soldats de César à Pharsale, la marche lente et cadencée par des flûtes des bataillons lacédémoniens. Au moment de s'aborder, l'élan s'amortissait de lui-même, parce que l'homme du premier rang, forcément, instinctivement, s'assurait de la bonne position de ses soutiens — ses voisins du même rang, les camarades du deuxième — et se rassemblait sur lui-même afin d'être plus maître de ses mouvements pour frapper et parer. Il y avait abordage d'homme à homme ; chacun prenait l'adversaire en face de lui et l'attaquait de front, car, en pénétrant dans les rangs avant de l'avoir abattu, il risquait les blessures de côté en perdant ses soutiens. Chacun donc heurtait son homme de son bouclier, espérant lui faire perdre l'équilibre et, dans l'instant qu'il cherche à le reprendre, le frapper. Les hommes du deuxième rang, en arrière dans les intervalles nécessaires à l'escrime du premier, étaient prêts à garantir ses flancs contre qui s'avançait entre deux, prêts à relever les fatigués ; de même du troisième rang, et ainsi de suite.

Chacun s'étant donc de part et d'autre affermi pour le choc, celui-ci était rarement décisif, et l'escrime, le vrai combat de près, commençait.

Si les hommes du premier rang étaient rapidement blessés dans un des partis, les autres rangs n'avaient hâte de les aller relever ou remplacer : il y avait hésitation, puis défaite. — Ainsi des Romains dans leurs premières rencontres avec les Gaulois. — Le Gaulois, de son bouclier, parait le premier coup de pointe, et, de son grand sabre de fer s'abattant avec furie sur le sommet du bouclier romain, le fendait et allait jusqu'à l'homme. Les Romains, déjà hésitants devant l'impulsion morale des Gaulois, leurs cris féroces, leur nudité signe de mépris des coups, tombaient à ce moment plus nombreux que leurs adversaires, et la démoralisation s'ensuivait. Bientôt ils s'habituèrent à la fougue valeureuse, mais sans ténacité, de leurs ennemis, et, quand ils eurent garni le haut de leurs boucliers d'une bande de fer qui repoussait déformée l'épée gauloise, alors ils ne tombèrent plus, et les rôles furent changés.

Les Gaulois, en effet, ne pouvaient tenir contre les armes meilleures et l'escrime d'estoc des Romains, contre leur ténacité individuelle supérieure, presque décuplée par le relai possible des huit rangs du manipule — et les manipules se renouvelaient ; — tandis que chez eux la durée du combat se limitait aux forces d'un homme, à cause de la difficulté en des rangs trop serrés ou tumultueux, et souvent de l'impossibilité voulue du relai, comme par exemple lorsqu'ils s'attachaient.

Si les armes étaient à peu près égales, en conservant ses rangs, briser, refouler, confondre ceux de l'ennemi, c'était vaincre. L'homme en des rangs désordonnés, rompus, se sent non plus soutenu, mais vulnérable de toutes parts, et il fuit. Il est vrai qu'on ne peut guère briser des rangs sans briser aussi les siens ; mais celui qui brise avance ; il n'a pu avancer qu'en faisant reculer devant ses coups, en tuant même ou en blessant ; il fait une chose à laquelle il s'attend, voulue, qui hausse son courage et celui de ses voisins : *il sait, il voit* où il marche ; tandis que l'ennemi dépassé par suite du recul ou de la chute des gens qui le flanquaient est surpris, se voit découvert de côté ; il recule lui-même pour aller reprendre soutien, niveau de rang en arrière. Mais l'adversaire pousse d'autant, ce niveau ne se retrouve plus. — Les rangs suivants cèdent au recul des premiers, et si le recul a une certaine durée, s'il est violent, la terreur commence des coups qui refoulent ainsi et peut-être abattent le premier rang. Si, afin de faire plus rapidement et plus facilement place à la poussée, de ne point s'acculer et tomber en arrière, les derniers rangs pour quelques pas tournent le dos, il y a peu de chances qu'ils représentent la face. — L'espace les a tentés. — Ils ne se retourneront plus.

Alors, par cet instinct naturel du soldat de s'inquiéter, de s'assurer de ses soutiens, par la contagion de la fuite en un mot, celle-ci va remontant des derniers rangs jusqu'au premier, qui, d'aussi près engagé, était tenu de faire face cependant, sous peine de mort immédiate; et ce qui suit n'a plus besoin d'être expliqué, c'est la tuerie (*Cædes*).

Revenons au combat.

Il est évident que l'ordonnance en ligne droite des troupes qui se sont abordées existe à peine un instant. Mais chaque groupe de files formé par l'action ne s'en relie pas moins au groupe voisin, les groupes comme les individus s'inquiétant toujours de leur soutien. Le combat se fait le long de la ligne de contact des premiers rangs de chaque armée, ligne droite, brisée, courbe, infléchie en sens divers suivant les chances diverses de l'action sur tel ou tel point, mais toujours limitant, séparant parfaitement les combattants des deux partis. Sur cette ligne, une fois engagé de bon cœur ou non, il fallait rester de face, sous peine de mort immédiate, et chacun, naturellement, nécessairement, mettait dans ces premiers rangs toute son énergie à défendre sa vie.

Nulle part, la ligne ne se perd enchevêtrée tant qu'il y a combat, car, du général au soldat, l'application de chacun est de conserver la continuité de soutien le long de cette ligne, et de rompre, couper celle de l'ennemi, car alors c'est la victoire.

Nous voyons donc qu'entre hommes armés de

glaives il peut y avoir, il y a, si le combat est sérieux, pénétration d'une masse dans une autre, mais jamais confusion, mélange, mêlée [1] des rangs, des hommes qui forment ces masses.

Le combat de glaive à glaive était le plus meurtrier, celui qui pouvait présenter le plus de péripéties, parce que c'est celui dans lequel la valeur individuelle du combattant, comme courage, dextérité, sang-froid, comme escrime en un mot, avait l'action la plus grande et la plus immédiate. Après celui-là, les autres combats sont faciles à comprendre.

Prenons les piques et les glaives.

Les poussées à la lance d'hommes serrés, forêt de piques vous tenant à distance (les piques avaient 15 à 18 pieds [2]), étaient irrésistibles. Mais on avait le loisir de tout tuer — cavaliers, fantassins légers — autour de la phalange, masse impuissante comme destruction, marchant d'un pas mesuré et qu'une troupe mobile pouvait toujours éviter. Il pouvait se faire des ouvertures par la marche, par le terrain, par les mille accidents de la lutte, par des braves,

---

1. Cela ne veut pas dire qu'une petite troupe tombant dans un guêpier ne puisse figurer une sorte de mêlée, — d'une seconde, — le temps de son égorgement. — Cela ne veut pas dire que dans la déroute il ne puisse en quelque endroit de la tuerie y avoir combat, combat de quelques gens de cœur qui veulent vendre leur vie. — Mais rien de cela ne constitue une mêlée réelle. — On est entouré, submergé, non mêlé.
2. Phalanges grecques.

des blessés à terre qui allaient couper les jarrets du premier rang en rampant sous les lances à hauteur de poitrine, — lesquelles n'y voyaient guère, puisque celles des deux premiers rangs à peine avaient des yeux et la libre direction pour frapper ; — et la moindre ouverture faite, ces hommes aux longues lances inutiles de près, qui ne prévoyaient que le combat à longueur de bois (Polybe), étaient frappés presque impunément par les groupes [1] se jetant dans les intervalles. Et alors, l'ennemi dans le ventre de la phalange, elle devenait, par l'inquiétude morale, masse sans ordre, moutons se renversant, s'écrasant sous la pression de la peur.

Que dans une foule, en effet, des hommes trop pressés piquent de leurs couteaux ceux qui les pressent, et la contagion de la peur change la direction du flot humain, lequel revenant sur lui-même s'écrase en masse pour faire le vide autour du danger. Si donc l'ennemi fuit devant la phalange, il n'y a pas mêlée ; s'il lui cède seulement par tactique et profitant des vides la pénètre par des groupes, encore là il n'y a point mêlée, mélange des rangs. Le coin entrant dans un bloc ne se mélange pas.

De phalange armée de longues piques à phalange semblable, encore moins de mêlée ; mais poussée

---

[1] Les Romains ne perdent personne en pénétrant par centuries dans les ouvertures de la phalange.

mutuelle et pouvant durer longtemps, si l'un des partis n'arrive à faire prendre l'autre en flanc ou en queue par un corps détaché de troupes quelconques. Nous voyons du reste, dans presque tous les combats antiques, la victoire enlevée par des moyens de ce genre, moyens éternellement bons, parce que leur action est morale surtout et que l'homme ne change pas.

Inutile d'expliquer à nouveau comment, pourquoi, dans tous les combats, la démoralisation, puis la fuite commençaient par les rangs postérieurs.

Nous avons essayé d'analyser le combat de l'infanterie de ligne, parce que lui seul était sérieux dans le combat antique, les infanteries légères se mettant réciproquement en fuite, comme le constate Thucydide. Elles revenaient poursuivre et massacrer les vaincus [1].

Pour la cavalerie, de cavalerie à cavalerie, l'impulsion morale, représentée par la vitesse de la masse et son bon ordre, avait une action des plus grandes, et nous voyons qu'infiniment rarement les deux cavaleries pouvaient résister à cette action réciproque de l'une sur l'autre. On le voit au Tésin, on le voit à Cannes, combats cités parce qu'ils sont la bien rare

[1] Les vélites romains de la légion primitive, avant Marius, avaient très certainement la mission de tenir un instant dans les intervalles des manipules, en attendant les princes. — Ils maintenaient, ne fût-ce qu'un instant, la continuité de soutien.

exception. Et encore n'y eut-il pas choc à toute vitesse, mais arrêt face à face et combat.

En effet, les ouragans de cavalerie qui se rencontrent, c'est la poésie, jamais la réalité. Le choc à toute vitesse, hommes et chevaux s'y briseraient, et ni les uns ni les autres ne le veulent. Les mains des cavaliers sont là, leur instinct et l'instinct des chevaux, pour ralentir, arrêter, si l'ennemi n'arrête lui-même, et faire demi-tour s'il fonce toujours. Et si jamais on se rencontre, le choc est à ce point amorti par les mains des hommes, le cabré des chevaux, l'évité des têtes, que c'est un arrêt face à face ; on s'envoie quelques coups de sabre ou de lance, mais l'équilibre est trop instable, le point d'appui trop mobile pour l'escrime et le soutien mutuel ; l'homme se sent trop isolé, la pression morale est trop forte, et, bien que peu meurtrier, le combat ne dure qu'une seconde, précisément parce qu'il ne saurait durer sans mêlée et que dans la mêlée l'homme se sent, se voit seul et entouré. Aussi les premiers hommes qui ne se croient plus soutenus, qui ne peuvent plus supporter l'inquiétude, tournent bride, et le reste suit ; et l'ennemi alors poursuit à plaisir, — à moins que lui aussi n'ait tourné bride ; — il poursuit jusqu'à rencontre de cavalerie nouvelle qui le fasse fuir à son tour.

De cavalerie à infanterie, jamais il n'y avait choc. La cavalerie harcelait de ses traits, de ses coups de lance peut-être, en passant rapidement, mais jamais n'abordait.

A vrai dire, la lutte de près à cheval n'existait pas. Et en effet, si le cheval, en ajoutant si fort à la mobilité de l'homme, lui donne le moyen de menacer et de courir sus avec vitesse, il lui permet de s'échapper avec une vitesse semblable quand la menace n'ébranle pas l'ennemi, et l'homme en use, selon son penchant de nature et le sain raisonnement, pour faire le plus de mal possible en risquant le moins possible. En résumé, avec cavaliers sans étriers ni selle, pour lesquels lancer le javelot était chose difficile (Xénophon), le combat n'était qu'une suite de harcèlements réciproques, de démonstrations, menaces, escarmouches à coups de trait, où l'un et l'autre parti cherche son moment pour surprendre, intimider, profiter du désordre, et poursuivre soit cavalerie, soit infanterie; et alors *væ victis* : l'épée travaille.

L'homme, de tout temps, a la plus grande peur d'être foulé par les chevaux, et, bien certainement, cette peur a culbuté cent mille fois plus de gens que le choc réel, toujours plus ou moins évité par le cheval, n'en eût ou n'en a renversés. Quand deux cavaleries antiques veulent combattre réellement, y sont forcées, elles combattent à pied, — Tésin, Cannes, exemple de Tite-Live. — Je ne vois guère en toute l'antiquité de vrai combat à cheval que celui du chevalier Alexandre au passage du Granique. Et encore ? Sa cavalerie, qui traverse une rivière à berges escarpées défendues par l'ennemi, perd 85 hommes, la cavalerie perse 1000 ; et toutes deux étaient également bien armées !

Le combat moyen âge renouvelle, moins la science, les combats antiques. Les chevaliers s'abordent peut-être plus que la cavalerie antique, par la raison qu'ils sont invulnérables ; il ne suffit pas de les renverser, il faut les égorger une fois par terre. Ils savaient du reste que leurs combats à cheval n'étaient pas sérieux comme résultats, et, quand ils voulaient combattre pour de vrai, ils combattaient à pied (combat des Trente, Bayard, etc.).

Les vainqueurs, de haut en bas vêtus de fer, ne perdent personne, les vilains ne comptent pas ; et, si le vaincu démonté est atteint, il n'est pas massacré, parce que la chevalerie est venue établir une confraternité d'armes entre les noblesses, les guerriers à cheval des diverses nations, et la rançon remplace la mort.

Si nous avons surtout parlé du combat d'infanterie, c'est que celui-ci était le plus sérieux et que, à pied, à cheval, sur le pont d'un navire, au moment du danger, on retrouve toujours le même homme ; et qui le connaît bien, de son action ici conclut à son action partout.

CHAPITRE VI

A QUELLES CONDITIONS ON OBTIENT DES COMBATTANTS RÉELS, ET COMMENT LE COMBAT DE NOS JOURS, POUR ÊTRE BIEN FAIT, LES EXIGE PLUS SOLIDES QUE LE COMBAT ANTIQUE.

Pouvons-nous redire maintenant ce que nous disions au commencement de cette étude : L'homme ne combat point pour la lutte, mais pour la victoire ; il fait tout ce qui dépend de lui pour supprimer la première et assurer la seconde. Le perfectionnement continu de tous les engins de guerre n'a point d'autre cause : anéantir l'ennemi en restant debout. La bravoure absolue, qui ne refuse pas le combat, même à chances inégales, s'en remettant à Dieu ou à la destinée, cette bravoure n'est point naturelle à l'homme ; elle est le résultat de la culture morale, elle est infiniment rare. Car toujours en face du danger le sentiment animal de la conservation reprend le dessus ; l'homme calcule ses chances, et avec quelles erreurs. — Nous venons de le voir.

L'homme donc a horreur de la mort. Chez les âmes d'élite, un grand devoir qu'elles seules peuvent comprendre et accomplir fait parfois marcher au devant ; mais la masse toujours recule à la vue du fantôme. La discipline a pour but de faire violence à cette horreur par une horreur plus grande, celle des châtiments ou de la honte. Mais toujours il arrive un instant où l'horreur naturelle prend le dessus sur la discipline, et le combattant s'enfuit. — « Arrête, arrête ; tiens quelques minutes, un instant de plus, et tu es vainqueur ; — tu n'es pas même encore blessé ; — si tu tournes le dos, tu es mort. » — Il n'entend pas, il ne peut plus entendre. — Il regorge de peur. — Combien d'armées ont juré de vaincre ou de périr ! Combien ont tenu leur serment ? Serment de mouton de tenir contre le loup. L'histoire enregistre, non les armées, mais les âmes fermes qui ont su combattre jusqu'à la mort, et le dévouement des Thermopyles est immortel avec justice.

Nous voilà ramenés aux vérités élémentaires, de tant de gens, oubliées ou inconnues, que nous avons énoncées au chapitre premier.

Le combat réel, sérieux, étant la rude épreuve que nous connaissons, pour l'imposer avec chances de succès à une foule humaine, il ne suffit pas que cette foule soit composée d'hommes vaillants comme les Gaulois, comme les Germains.

Il lui faut, et nous lui donnons, des chefs qui ont la fermeté et la décision de commandement provenant de l'habitude et d'une foi entière dans leur droit imprescriptible de commander consacré par la tradition, la loi, la constitution sociale.

Nous y ajoutons de bonnes armes, une manière de combattre en rapport avec ces armes et celles de l'ennemi et avec ce qui se peut obtenir des forces physiques et morales de l'homme ; et de plus, un fractionnement rationnel qui permet la direction et l'emploi de tous les efforts jusqu'à celui du dernier homme.

Nous l'animons de passions, — désir violent de l'indépendance, — fanatisme de la religion, — orgueil national, — amour de la gloire, — rage de posséder ; — et une loi de discipline terrible, en défendant que nul se soustraie à l'action, commande la solidarité la plus grande du haut en bas, entre toutes les fractions, entre les chefs, entre les chefs et les soldats, entre les soldats.

Avons-nous alors une armée solide ? Pas encore. La solidarité, cette première et suprême force des armées, est ordonnée, il est vrai, par des lois sévères de discipline secondées de passions puissantes ; mais ordonner ne suffit pas. Une surveillance à laquelle nul ne puisse échapper dans le combat, en assurant l'exécution de la discipline, doit garantir la solidarité contre les défaillances en face du danger, ces défaillances que nous connaissons ; et pour être sentie, ce qui est le plus grand point, pour exercer une forte pression morale et *faire marcher tout le monde* par crainte ou point d'honneur, cette surveillance, œil de tous ouvert sur chacun, exige en chaque groupe des gens qui se connaissent bien et qui la comprennent comme un droit et un devoir de salut commun.

Il est nécessaire alors qu'une organisation sagement ordonnée, et c'est par là qu'il faut commencer, place d'une manière permanente les mêmes chefs et les mêmes soldats dans les mêmes groupes de combattants, de telle sorte que les chefs et les compagnons de la paix ou des camps soient les chefs et les compagnons de la guerre, afin que de l'habitude de vivre ensemble, d'obéir aux mêmes chefs, de commander aux mêmes hommes, de partager fatigues et délassements, de concourir entre gens qui s'entendent vite à l'exécution des mouvements et des évolutions guerrières, naissent la confraternité, l'union, le sens du métier, le sentiment palpable, en un mot, et l'intelligence de la solidarité : devoir de s'y soumettre, droit de l'imposer, impossibilité de s'y soustraire.

Et voici paraître la confiance.

Non point cette confiance enthousiaste et irréfléchie des armées tumultuaires ou improvisées qui va jusqu'au danger et s'évanouit si rapidement pour faire place au sentiment contraire, lequel voit partout trahison; mais cette confiance intime, ferme, consciente, qui ne s'oublie pas au moment de l'action et seule fait de vrais combattants.

Nous avons maintenant une armée ; et il ne nous est plus difficile d'expliquer comment des gens animés de passions entraînantes, même des gens qui savent mourir sans broncher, sans pâlir, réellement forts devant la mort, mais sans discipline, sans organisation solide, sont vaincus par d'autres individuellement moins vaillants, mais solidement, solidairement constitués.

On aime à se représenter une foule armée renversant tous obstacles, enlevée par un souffle de passion.

Il y a plus de pittoresque que de vrai dans cette imagination. Si le combat était œuvre individuelle, les hommes passionnés, courageux, qui composent cette foule, auraient plus de chances de victoire ; mais dans une troupe, quelle qu'elle soit, une fois en face de l'ennemi, chacun comprend que la tâche n'est pas œuvre d'un seul, est œuvre collective et simultanée, et, au milieu de compagnons de hasard rassemblés de la veille sous des chefs inconnus, il sent d'instinct le manque d'union et se demande s'il peut compter sur eux. Pensée de méfiance qui mènera loin à la première hésitation, au premier danger sérieux qui un moment arrêtera l'élan passionné.

C'est que la solidarité, la confiance ne s'improvisent pas ; elles ne peuvent naître que de la connaissance mutuelle qui fait le point d'honneur, qui fait l'union, d'où vient à son tour le sentiment de la force, lequel donne le courage d'affronter par la confiance de surmonter, — le courage, c'est-à-dire la domination de la volonté sur l'instinct, dont la durée plus ou moins grande fait la victoire ou la défaite.

La solidarité seule donne donc des combattants. Mais, comme en tout il y a des degrés, voyons si le combat de nos jours est à cet égard moins exigeant que le combat antique.

Dans le combat antique, il n'y a danger que de près. Si une troupe avait assez de moral (et les foules asiatiques souvent ne l'avaient point) pour aller à l'ennemi jusqu'à longueur de glaive, il y avait combat. Quiconque était à cette distance savait que s'il tournait le dos il était mort ; car, nous l'avons vu, les vainqueurs perdent très peu de monde et les vaincus sont exterminés ; ce simple raisonnement tenait les hommes et pouvait les faire combattre, ne fût-ce qu'un instant.

Aujourd'hui, à moins de circonstances tout exceptionnelles et très rares, qui font déboucher deux troupes nez à nez, le combat s'engage et se fait de loin. Le danger commence à longue distance, et longtemps il faut marcher au devant de projectiles, à chaque pas en avant plus pressés. Le vaincu perd des prisonniers, mais souvent, en morts et en blessés, ne perd pas plus que le vainqueur.

Dans le combat antique, on combattait par groupes resserrés sur un petit espace, en terrain découvert, en pleine vue les uns des autres, sans le bruit assourdissant des armes actuelles. On marchait en ordre à l'action, qui avait lieu sur place et ne vous emportait pas en mouvements désordonnés à des milliers de pas du point de départ. La surveillance des chefs était facile, les défaillances individuelles immédiatement réprimées. L'effarement général seul faisait la fuite.

Aujourd'hui, le combat se fait sur des espaces immenses, le long de grandes lignes minces, à chaque instant coupées par les accidents et les obstacles du terrain. Dès que l'action s'engage, dès qu'il y a coups de fusil, les hommes éparpillés en tirailleurs ou perdus dans le désordre inévitable d'une marche rapide [1] échappent à la surveillance des chefs ; nombre plus ou moins grand se dissimulent [2], se soustraient à l'action et, diminuant d'autant l'effet matériel et

---

1. Résultat forcé du perfectionnement des engins.
2. Chez les troupes sans cohésion, ce mouvement commence à 50 lieues de l'ennemi ; nombre de gens entrent dans les hôpitaux sans autre maladie que le manque de moral, qui devient très vite maladie réelle. Une discipline draconienne n'est plus de nos jours ; la cohésion seule y peut suppléer.

moral de celle-ci et la confiance des braves qui restent seuls, peuvent amener la défaite.

Mais voyons l'homme de plus près dans l'un et l'autre combat. Je suis fort, adroit, vigoureux, exercé, plein de sang-froid, de présence d'esprit; j'ai de bonnes armes offensives et défensives et des compagnons solides, depuis longtemps les mêmes, qui ne me laisseront point accabler sans me soutenir; moi avec eux, eux avec moi, nous sommes invincibles, invulnérables; nous avons fait vingt combats, et nul de nous n'y est resté; il suffit de se bien soutenir à temps, et nous y *voyons clair*, nous sommes alertes à nous remplacer, à mettre un combattant tout frais en face d'un ennemi fatigué; nous sommes des légions de Marius, des 50 000 qui avons su tenir contre la marée furieuse des Cimbres, en avons tué 140 000, pris 60 000, en perdant des nôtres 2 à 300 maladroits.

Aujourd'hui, si fort, ferme, exercé, courageux que je sois, je ne puis jamais dire : J'en reviendrai. Je n'ai plus affaire aux hommes, je ne les crains pas, mais à la fatalité de la fonte et du plomb. La mort est dans l'air, invisible et aveugle, avec des souffles effrayants qui font courber la tête. Si bons, si braves, si solides, si dévoués que soient mes compagnons, ils ne me garantissent pas. Seulement, — et combien ceci est abstrait et moins immédiatement intelligible à tous que le soutien matériel du combat antique, — seulement je me figure que plus nombreux nous sommes à courir un dangereux hasard, plus grande est pour chacun la chance d'y échapper ; et puis encore je sais que, si nous avons cette confiance que nul de nous ne manque à l'action, nous nous sentons et nous sommes plus forts, plus résolument nous entamons et nous soutenons la lutte, et plus vite nous en finissons.

Nous en finissons ! Mais, pour en finir, il faut se porter en avant, il faut aller chercher l'ennemi [1], et fantassin, cavalier, nous sommes nus contre le fer, nus contre le plomb, infaillibles à deux pas. Marchons quand même, franchement, résolûment ; notre adversaire ne tiendra pas devant la perspective du bout portant de notre fusil, car l'abordement n'est jamais mutuel, nous en sommes sûrs, — on nous l'a dit mille fois, — nous l'avons vu. Si cependant les choses allaient changer aujourd'hui ! Si lui aussi nous offrait le bout portant.

Qu'il y a loin de là à la confiance romaine !

---

1. Rude affaire que d'aller mordre des gens qui tirent, bien ou mal il n'importe, six à huit coups dans une minute. Le dernier mot sera-t-il donc au mieux pourvu de cartouches, à qui saura le plus en faire user aux autres sans user les siennes ?

Observation profonde et vieille — comme les flèches : Usons leurs flèches ; — comme le bâton : Cassons leurs bâtons, — mais comment ? Là toujours est la question. Es choses de la guerre, entre toutes, *le précepte est aisé, mais*, etc., etc.

Nous avons montré d'autre part combien dans l'antiquité se retirer de l'action était, pour le soldat, chose à la fois difficile et périlleuse ; aujourd'hui, la tentation est bien autrement forte, la facilité plus grande et le péril moindre.

Aujourd'hui donc, le combat exige une cohésion morale, une solidarité plus resserrée qu'en aucun temps. Une dernière remarque sur la difficulté de le diriger va compléter la démonstration.

Depuis l'invention des armes à feu, mousquet, fusil, canon, les distances d'aide et de soutien mutuels s'augmentent entre les différentes armes [1].

En outre, la facilité des communications de toutes sortes permet le rassemblement sur un terrain donné de forces numériques énormes. Par ces motifs, nous l'avons dit, les champs de bataille deviennent immenses.

En embrasser l'ensemble est de plus en plus difficile ; et, de plus en plus difficile en devenant plus lointaine, la direction plus souvent que jamais tend à échapper au chef suprême, aux chefs subalternes. Ce certain désordre inévitable, que présente toujours une troupe en action, va chaque jour s'augmentant avec l'effet moral des engins, à ce point que, au milieu du brouhaha et des fluctuations des lignes de com-

---

[1]. Plus donc elles se figurent être isolées, plus donc elles ont besoin de moral.

bat, les soldats souvent perdent les chefs, les chefs les soldats.

Dans les troupes immédiatement et *fortement engagées*, les petits groupes seuls se maintiennent, de l'escouade à la compagnie, s'ils sont bien constitués, servant d'appuis ou de points de ralliement aux désorientés ; et, par la force des choses, les batailles tendent à devenir aujourd'hui, plus qu'elles ne l'ont jamais été, des batailles de soldats.

Cela ne doit pas être.

Que cela ne doive pas être, nous ne le discutons pas, mais cela est.

Cela n'est pas. — Et l'on objecte que les troupes dans les batailles ne sont point toutes d'une manière immédiate ni fortement engagées ; que les chefs toujours cherchent à conserver le plus longtemps possible en leur main des troupes en ordonnance capables de marcher, d'agir, en un moment donné, dans une direction déterminée ; qu'aujourd'hui comme hier, comme demain, l'action décisive appartient à ces troupes en ordonnance apparaissant en tel ou tel ordre, en telle ou telle disposition, sur tel ou tel point, et par conséquent appartient au chef qui a su les maintenir, les conserver et les diriger.

Cela est incontestable.

Mais ceci ne l'est pas moins : On a d'autant plus de chances de conserver le dernier des troupes en main, que les troupes engagées plus solides forcent l'ennemi à leur opposer plus de monde. — Et l'objection faite, en mettant en avant un principe général et de tous les temps, n'oppose rien à ceci : Dans les troupes qui font le combat, *par les raisons que nous avons données et qui sont des faits*, les soldats et les chefs les plus près d'eux, du caporal au chef de bataillon, ont une action plus *indépendante que jamais;* et, comme c'est la vigueur seule de cette action *plus indépendante que jamais* de la direction des chefs élevés qui laisse aux mains de ceux-ci des forces disponibles et dirigeables au moment décisif, cette action devient plus *prépondérante* que jamais, et l'on peut dire avec raison que les batailles, plus que jamais aujourd'hui, sont des *batailles de soldats*, de capitaines. Elles le sont toujours dans le fait, puisqu'en dernière analyse l'exécution appartient au soldat; mais l'influence de celui-ci sur le résultat final est plus ou moins grande; de là le mot vrai du jour : Batailles de soldats.

En dehors des prescriptions réglementaires de tactique et de discipline, une nécessité de sens commun s'impose, il est vrai, d'elle-même à tous, dans une armée, de réagir contre cette prédominance pleine de hasards de l'action du soldat sur celle du chef, de reculer par tous les moyens, jusqu'aux extrêmes limites du possible, cet instant que tendent à hâter des causes chaque jour plus puissantes, où le soldat échappe au chef.

Mais le fait est là, et ce fait et les préoccupations qu'il suscite complètent la démonstration de cette vérité énoncée plus haut : le combat exige aujourd'hui, pour être fait avec une entière valeur, une cohésion morale, une solidarité plus resserrées qu'en aucun temps [1]. — Vérité presque naïve, tant il est clair que, si l'on ne veut qu'ils se brisent, plus des liens doivent s'allonger, plus ils doivent être forts.

---

[1]. Les batailles navales ne sont-elles pas surtout des batailles de capitaines de vaisseaux, et du jour au lendemain amène-t-on tous les capitaines à ce sentiment de solidarité *qui les fasse tous combattre un jour d'action* : Trafalgar, Lissa. En 1588, le duc de Medina Sidonia, se disposant à un combat naval, envoya sur des bâtiments légers trois majors à l'avant-garde et trois à l'arrière-garde, avec des bourreaux, et leur ordonna de faire pendre tout capitaine de vaisseau qui abandonnerait le poste qui lui avait été assigné pour la bataille.

En 1702, l'amiral anglais Benlow, un homme héroïque, est abandonné presque seul, pendant trois jours de combat, par ses capitaines de vaisseaux. — Amputé d'une jambe et d'un bras, il en fait, avant de mourir, passer quatre en jugement. — Un est cassé, trois sont pendus, — et c'est de cet instant que date l'inflexible sévérité anglaise envers les commandants de flottes et de navires, sévérité nécessaire pour les amener à *combattre effectivement*.

Nos chefs de bataillons, nos capitaines, nos soldats, une fois dans le feu, sont plus perdus que ces commandants de navire.

DEUXIÈME PARTIE

LE COMBAT MODERNE

L'art de la guerre subit de nombreuses modifications en rapport avec le progrès scientifique et industriel, etc., etc. Mais une chose ne change pas : le cœur de l'homme ; et comme en dernière analyse le combat est une affaire de moral, dans toutes les modifications qu'on apporte à une armée, organisation, discipline, tactique, la juste appropriation de toutes ces modifications au cœur humain à un moment donné, moment suprême, celui de la bataille, est toujours la question essentielle.

On en tient rarement compte, et de là souvent d'étranges erreurs. Témoin les armes à longue portée et de précision (les carabines), qui n'ont absolument rien donné de ce qu'on en attendait... parce qu'on a fait de leur usage une chose mécanique, sans tenir compte du cœur humain.

« Les dispositions du cœur sont aussi variables

que la fortune. L'homme se rebute et appréhende le danger dans tout effort où il n'entrevoit pas chance de succès. Il y a quelques caractères isolés, d'une trempe ferme, qui résistent; mais ils sont entraînés par le plus grand nombre. » (BISMARK.)

« L'histoire moderne nous fournit maint exemple de troupes qui, semblables à des murailles, ne pouvaient être ébranlées ni enfoncées, qui essuyaient patiemment le feu le plus vif, et qui se retirèrent avec *précipitation* lorsque le général ordonna la retraite... » (BISMARK.)

Quand on raisonne en pleine sécurité, après dîner, en plein contentement physique et moral, de la guerre, du combat, on se sent animé de la plus noble ardeur et on nie le réel. Combien cependant, si on les prend juste à ce moment, seront prêts à jouer leur vie sur l'heure? Mais que ceux-là soient obligés de marcher des jours, des semaines, pour arriver à l'heure du combat; que le jour du combat ils attendent des minutes, des heures, le moment de donner; et, s'ils sont sincères, ils avoueront combien la fatigue physique et l'angoisse qui précède l'action les auront moralement atténués, combien moins que trente jours auparavant, au sortir de table, ils sont aptes à un mouvement généreux.

Combattre de loin est naturel à l'homme; du premier jour, son industrie a tendu à obtenir ce résultat, et il continue. On se figure qu'avec les armes à longue portée on sera forcé d'en revenir au combat de près ; on fuira tout simplement de plus loin devant les démonstrations.

L'homme primitif, le sauvage, l'Arabe, sont l'instabilité incarnée ; le moindre vent, un fétu, les fait, à la guerre, virer à chaque instant. L'homme civilisé, à la guerre, revient naturellement à ses premiers instincts.

C'est la grande supériorité de la tactique romaine de chercher toujours à mettre l'action physique au niveau de l'action morale. L'action morale s'use (on finit par s'apercevoir que l'ennemi n'est pas si terrible qu'il en a l'air) ; l'action physique, non. On voit les Grecs chercher à imposer. Les Romains, eux, veulent tuer, et ils tuent... et ils tiennent la meilleure route. Leur action morale est appuyée sur des épées solides et qui tuent.

Napoléon raconte que « 2 mameluks tenaient tête à 3 Français ; mais 100 cavaliers français ne craignaient pas 100 mameluks ; 300 étaient vainqueurs d'un pareil nombre ; 1000 en battaient 1500 : tant est grande l'influence de la tactique, de l'ordre et des évolutions ; » en langage ordinaire, tant est grande l'influence morale de la solidarité établie par la discipline et rendue possible et efficace dans le combat par l'organisation et les dispositions de soutien mutuel. Avec la solidarité, de saines dispositions, des hommes d'une valeur individuelle moindre d'un tiers battent ceux qui individuellement valent mieux qu'eux. Tout est là et doit tendre là dans l'organisation d'une armée. Pour qui sait réfléchir, cette simple citation de Napoléon renferme tout le moral des combats. Faites croire à l'ennemi que le soutien lui manque, isolez, coupez, dépassez, tournez, etc., etc. (mille manières de faire croire à l'isolement), ses hommes, isolez ses escadrons, ses bataillons, ses brigades, ses divisions, et à vous la victoire. Et si d'avance, par vice d'organisation, il ne croit pas au soutien mutuel, il n'est besoin de tant de manœuvres; l'attaque suffit.

Les Romains ne sont point gens de prouesses, mais de discipline et de ténacité. Nous n'avons aucune idée de l'esprit militaire romain, lequel ne ressemblait en rien au nôtre; un général romain qui n'eût pas eu plus de sang-froid que les nôtres était perdu. Nous avons tels motifs de décorations, de médailles, qui auraient fait passer par les verges un soldat romain.

Combien d'hommes devant le lion ont le courage de regarder l'ennemi en face, de songer à se défendre, de se défendre. En guerre, lorsque la *terreur* vous a pris, vous êtes comme devant le lion, vous fuyez en tremblant et vous vous laissez égorger.

Comment donc, il y a si peu de braves absolus parmi tant de braves? Hélas! oui. Gédéon en trouve 300 sur 30 000 et est bien heureux.

Le rang est la garantie prise par la discipline contre la faiblesse de l'homme devant le danger. La faiblesse est plus grande, aujourd'hui que les engins ont une action morale plus forte, et le rang matériel est forcément plus faible aussi par le manque de cohésion de l'ordre mince ; et cependant l'ordre mince est indispensable, et pour perdre moins, et pour faire usage de ses armes. Donc, aujourd'hui, il y a nécessité plus grande que jamais du rang ou discipline (non le rang mathématique, figure de géométrie), et difficulté beaucoup plus grande aussi pour le maintenir.

Avec le perfectionnement des armes, des engins de jet, la puissance de destruction croît, l'action morale des engins croît, le courage d'affronter devient plus difficile, *et l'homme ne change pas*, ne peut pas changer. Ce qui doit croître avec la puissance des engins, c'est la force d'organisation, la solidarité des combattants, c'est-à-dire tous moyens qui peuvent augmenter cette solidarité, et c'est ce dont on s'occupe le moins. Avoir un million d'hommes dressés aux exercices, aux manœuvres militaires (qui doivent se simplifier à mesure que se fortifient les engins), ce n'est rien, si une organisation sainement raisonnée n'assure leur discipline, et par leur discipline leur solidarité, c'est-à-dire leur courage au jour de l'action.

Quatre braves, qui ne se connaissent pas, n'iront point franchement à l'attaque d'un lion. Quatre moins braves, mais se connaissant bien, sûrs de leur solidarité et par suite de leur appui mutuel, iront résolument. Toute la science des organisations d'armées est là.

A un moment donné, un engin nouveau peut vous assurer la victoire. Soit. Mais on n'invente pas des engins praticables tous les jours, et bien vite les nations se mettent au même niveau sous le rapport de l'armement.

La question finale en revient toujours (laissons de côté les généraux de génie, chance sur laquelle on ne peut guère compter) à la qualité des troupes, c'est-à-dire à l'organisation qui assure le mieux leur bon esprit, leur solidité, leur confiance, leur solidarité en un mot. Qui dit troupes dit soldats. Des soldats, si bien dressés qu'ils soient, réunis du jour au lendemain en compagnie, bataillon, etc., ne sauraient avoir, n'ont jamais eu cette solidarité qui, du haut en bas, ne peut naître que de la connaissance mutuelle.

Qu'on se reporte à ce que nous avons dit du combat antique, et dès à présent, avant même d'avoir étudié le combat moderne, on sentira qu'il n'est d'armées, de vrais combattants, que ceux auxquels une organisation méditée, rationnelle, donne une solidarité de tous les instants dans le combat. On prévoit que, plus la puissance de destruction par les armes de jet se perfectionne, plus, par suite, le combat devient *éparpillé*, échappe à la direction, à l'œil immédiat de son chef suprême, et même des simples officiers ; plus, par conséquent, la discipline, la solidarité doit être forte, plus méditée, plus profondément raisonnée doit être l'organisation qui assure entre les combattants la solidarité. Car, si la puissance des armes croît, l'homme reste le même, l'homme et ses faiblesses. A quoi bon une armée de 200 000 hommes, dont 100 000 seulement combattront réellement, tandis que les 100 000 autres se dissimuleront de cent manières ; n'en ayons que 100 000, mais que l'on puisse compter sur eux.

Le but de la discipline est de faire combattre les gens souvent malgré eux. C'est une naïveté que de dire qu'il n'y a pas d'armée digne de ce nom sans discipline. Il n'y a pas de discipline sans organisation, et toute organisation est défectueuse, qui néglige le moindre des moyens pouvant rendre plus réelle et plus forte la solidarité entre les combattants. Et les moyens ne sauraient être partout les mêmes ; la discipline est d'institution sociale, ou bien elle doit prendre pour point d'appui les qualités et les défauts dominants de la nation.

Nous avons vu par l'étude du combat antique combien le combat est une terrible chose ; quelle est son action sur l'homme ; combien celui-ci ne combat réellement que sous la pression de la discipline.

La discipline ne se commande, ne se crée pas du jour au lendemain. C'est affaire d'institution, de tradition.

Il faut que le chef ait confiance absolue dans son droit de commander, ait l'habitude de commander, l'orgueil du commandement. C'est ce qui fait la forte discipline des armées commandées par l'aristocratie, quand il y en a une dans le pays.

Les Prussiens ne négligent pas ce puissant auxiliaire des actions vigoureuses, l'homogénéité et par suite la solidarité des corps de troupes. Les troupes hessoises, les régiments hessois sont composés [1] : la première année, d'un tiers de Hessois, deux tiers de Prussiens, pour modifier l'esprit particulier des troupes d'un pays récemment annexé ; deuxième année, deux tiers de Hessois, un tiers de Prussiens ; troisième année, les régiments hessois ne reçoivent plus que des Hessois et sont commandés par des officiers hessois.

Avec les armes actuelles, dont l'usage est connu de tous, l'instruction du soldat est peu de chose ; elle ne fait pas un soldat. Exemple : la Vendée, où la

---

[1]. Nous n'avons pas besoin de faire remarquer que ces pages ont été écrites avant la guerre de 1870-1871.

solidarité, non l'instruction individuelle, fit des soldats dont on ne saurait méconnaître la qualité ; solidarité qui naturellement existait entre gens du même village, de la même commune, conduits au combat par leurs seigneurs, leurs curés, etc., etc.

Cette solidarité que nous voulons de l'escouade à la compagnie, il ne faut pas craindre de la voir se développer au même degré par les mêmes moyens chez les étrangers. Leur constitution et leur caractère s'y prêtent moins ; tandis que cette individualité des escouades, des compagnies, est dans la constitution de notre armée et dans la sociabilité française.

La sociabilité française fait que la cohésion se forme plus vite entre troupes françaises qu'entre troupes d'autres nations. Organisation, discipline, dans leur but se confondent ; et souvent la première, si elle est rationnelle, entre gens d'amour-propre comme les Français, arrive au but sans les moyens coercitifs de la deuxième.

Une remarque : c'est que les organisations d'armée et de tactique sur le papier organisent toujours au point de vue mécanique et négligent le coefficient essentiel (le moral) ; presque toujours, elles se trompent.

L'esprit de corps se forme avec la guerre ; mais la guerre devient de plus en plus courte et de plus en plus violente, et il faut d'avance former l'esprit de corps.

Il ne suffit pas de se bien connaître mutuellement pour faire une bonne troupe. Il faut un bon esprit général. Il faut que l'idée de tous et de tout soit le combat, et non de vivre tranquillement en faisant des exercices dont on ne connaît pas l'application. Une fois qu'un homme sait manœuvrer son arme et obéir à tous les commandements, il ne lui faut plus d'exercices que rarement, pour ramener ceux qui ont oublié, mais des marches et des manœuvres de combat.

L'éducation technique du soldat n'est pas le point le plus difficile. Savoir se servir de son arme, l'entretenir, savoir aller à droite et à gauche, en avant, en arrière à commandement, courir à cheval et marcher sac au dos, tout cela est nécessaire, mais ne fait pas un soldat. Les Vendéens le savaient peu et étaient de rudes soldats. Ce qui constitue surtout le soldat, le combattant capable d'obéissance et de direction dans l'action, c'est le sentiment qu'il a de la discipline, c'est son respect des chefs, sa confiance en eux, sa confiance dans les camarades, sa crainte qu'ils lui puissent reprocher de les avoir abandonnés dans le danger, son émulation d'aller où vont les autres, sans plus trembler qu'un autre, son esprit de corps en un mot. L'organisation seule donne ces qualités.

Dans le combat antique, la solidarité existe, du moins chez les Grecs et chez les Romains. Le soldat est connu de ses chefs et de ses compagnons. On le voit combattre, et il combat.

La discipline et le caractère romain commandaient la ténacité; l'endurcissement à la fatigue des hommes et leur bonne organisation de soutien mutuel décuplaient cette ténacité, contre laquelle les plus braves ne pouvaient tenir. L'escrime fatigante et à grands efforts des Gaulois ne pouvait lutter longtemps contre l'escrime savante, terrible et moins fatigante de la pointe.

Dans les armées modernes, actuelles, où la victoire use aussi vite que la défaite, le soldat est bien plus souvent renouvelé (le vainqueur antique ne perdait personne). Le soldat est inconnu souvent de ses camarades; il les perd dans ce combat de fumée, d'éparpillement, de flottement en tous sens, où il est isolé pour ainsi dire; la solidarité n'a plus la sanction d'une surveillance mutuelle. Un homme tombe, s'embusque; comment voir si c'est d'une balle ou de peur d'aller plus loin? Le combattant antique n'était point frappé d'un trait invisible et ne pouvait tomber ainsi. Plus donc cette surveillance est difficile, plus il faut cependant s'efforcer de l'obtenir par l'individualité des compagnies, des sections, des escouades, pour lesquelles ce n'est pas un mince honneur de pouvoir *à tout instant faire l'appel.* L'homme, dans le combat de nos jours, c'est l'homme sachant à peine nager, inopinément jeté dans l'eau.

Dès Guibert, on remarque que les actions de choc sont infiniment (infiniment pris dans le sens mathématique) rares.

Guibert réduit à néant, par un raisonnement appuyé d'observations pratiques, la *théorie mathématique* du choc d'une troupe massée contre une autre. L'impulsion physique n'est rien en effet; le sentiment de l'*impulsion morale* qui anime l'attaquant est tout.

Et il faut que cette impulsion morale soit une bien terrible chose.

Voici une troupe qui marche à l'encontre d'une autre; celle-ci n'a qu'à rester calme, prête à mettre en joue, chaque homme ajustant en plein corps celui qu'il a devant lui. La troupe assaillante arrive à petite portée; portée infaillible ; qu'elle s'arrête ou non pour faire feu, elle sera toujours prévenue par l'autre, qui attend, calme, toute prête, sûre de son fait. Tout le premier rang des assaillants tombe foudroyé, et le reste, qu'encourage très peu cette réception, se disperse de lui-même ou devant la moindre démonstration de marche contre lui.

Les choses se passent-elles ainsi? Eh ! non. Devant la force d'impulsion morale de l'assaillant, la troupe assaillie se trouble, tire en l'air (ne tire pas même) et se disperse immédiatement devant l'assaillant, qui, enhardi par ce feu le laissant debout, redouble son élan pour en éviter un second.

Les troupes anglaises, dit-on, assurent même ceux qui les ont combattues en Espagne, à Waterloo, sont, paraît-il, capables d'un pareil sang-froid ; j'en doute cependant : les Anglais se portaient, après le feu, bien vite en avant. S'ils ne l'eussent pas fait, ils eussent peut-être fui. Mais ce sont gens rassis, de peu d'imagination, qui essayent de porter en tout le raisonnement. Les Français, avec leur irritabilité nerveuse, leur organisation vive, sont incapables de défense semblable.

En arrivant dans la région des balles, le rang tend à se disperser. Vous entendez des officiers, qui ont vu le feu, dire : Quand on approche de l'ennemi, les hommes se mettent en tirailleurs malgré vous. Les Russes se pelotonnent sous le feu ; leur ténacité n'est autre chose qu'une cohésion de moutons sous la peur de la discipline et du danger. Il doit donc y avoir deux manières diverses de conduire au feu Russes et Français.

Comment se fait-il que des hommes qui ne craignent nullement la mort, qui se la donnent même à chaque instant, Orientaux, Chinois, Tartares, Mongols, ne puissent tenir devant les armes des peuples de l'Occident? Défaut d'organisation. L'instinct de la conservation, qui au dernier moment les domine absolument, n'est point refréné par la discipline.

C'est ainsi encore que, mainte fois, en Occident, nous avons vu des populations fanatisées, pleines de la croyance que la mort en combattant est une heureuse et glorieuse résurrection, supérieures en nombre, céder devant la discipline. Il leur aurait suffi d'aborder franchement et d'écraser sous leur nombre dans un combat de près, où la fourche vaut mieux que la baïonnette... mais l'instinct !

« Tu trembles, carcasse !... » disait Turenne. L'instinct de la conservation peut donc faire trembler les plus forts. Mais ils ont la force de surmonter ce sentiment de peur, d'aller quand même sans perdre tête ni sang-froid. La peur chez eux ne devient jamais terreur et s'oublie dans les préoccupations du commandement. Celui qui ne se sent pas la force de ne laisser sur son âme prise à la terreur, celui-là ne doit point songer à jamais être un officier.

Les soldats ont émotion, peur même ; le sentiment du devoir, la discipline, l'amour-propre, l'exemple des chefs, leur sang-froid surtout, les maintiennent et empêchent la peur de devenir terreur.

Leur émotion ne leur permet jamais de viser, d'ajuster autrement que par à peu près, quand elle ne les fait pas tirer en l'air. Cromwell le savait bien. et ses soldats étaient solides : « Mettez votre confiance en Dieu, et visez aux rubans de souliers. »

« Les exemples ont fait voir que, un retranchement étant forcé, l'armée est découragée et prend la fuite. » (Frédéric.)

La grandeur du champ de bataille permettant moins que jamais d'en embrasser l'ensemble, le rôle du général est bien plus difficile, bien plus de chances sont laissées au hasard. Donc nécessité de troupes meilleures, sachant mieux leur métier, plus solides, plus tenaces, pour diminuer les chances de hasard. Il faudra tenir plus longtemps pour attendre secours lointain. Les batailles de soldats sont bien plus fréquentes et le point décisif bien plus difficile à déterminer, plus difficile à conserver. La bonté des troupes aura plus que jamais action sur la victoire.

Singulier retour : dans le combat à une lieue, la valeur du soldat, ainsi que dans le combat antique à deux pas, redevient l'élément essentiel du succès. Fortifions le soldat par la solidarité.

Et la bataille a plus d'importance que jamais. Par la facilité de concentration (chemins de fer), de communication (télégraphe), les surprises stratégiques (Ulm, Iéna) sont plus difficiles ; les forces entières d'un pays peuvent être plus promptement réunies, et par conséquent le désastre d'une défaite devient plus irréparable, la désorganisation générale plus grande et plus rapide.

Donc on ne doit rien négliger de ce qui peut rendre la bataille plus forte, l'homme plus fort.

Dans le combat moderne, nul n'est jamais abordé s'il reste de face.

De jour en jour, le combat tend à disparaître pour faire place à l'action lointaine et surtout à l'action morale des mouvements. Nous sommes ramenés, par l'éparpillement, à comprendre la nécessité de la qualité, cette nécessité absolue du combat antique.

Le résultat le plus probable de l'artillerie actuelle sera d'augmenter l'éparpillement chez l'infanterie et même chez la cavalerie ; celle-ci, pouvant partir en tirailleurs de très loin, pour se rallier en avançant près du but, sera plus difficile à conduire. A l'avantage des Français.

La longue portée de l'artillerie a pour effet de rendre moins grande la liaison apparente des armes entre elles, d'où influence sur le moral. Encore à l'avantage des troupes les plus disciplinées; qu'on resserrera d'autant moins qu'elles seront plus solides et dont le moral gagnera d'autant plus qu'elles auront moins souffert auparavant.

Avec les distances plus grandes de l'ennemi commandées par l'artillerie actuelle, liberté plus grande de mouvements des différentes armes qui n'ont plus besoin d'être accolées pour se donner aide et soutien mutuel.

Comme on se tiendra bien plus éloignés, il sera bien plus difficile de juger du terrain. Donc nécessité de plus de faire éclairer, dessiner aux yeux le terrain par les tirailleurs (ce que le duc de Grammont oublie à Nordlingen, et qu'on oublie toujours); donc nécessité plus grande encore de tirailleurs.

Frédéric se plaisait à dire que trois hommes derrière l'ennemi valaient mieux que cinquante devant. Effet moral.

Le champ de l'action est bien plus vaste aujourd'hui qu'au temps de Frédéric. Les combats se passent en terrains plus accidentés, car les armées, plus mobiles, ne recherchent pas un terrain plutôt qu'un autre.

Maurice de Saxe décrétait les Français bons pour la guerre de postes; il avait reconnu le manque de solidité du rang.

Le maréchal Gouvion Saint-Cyr dit : « Les militaires expérimentés savent, et les autres doivent savoir que les soldats français à la poursuite de l'ennemi ne rentrent plus à leur corps de la journée, à moins d'être ramenés par l'ennemi, et que pendant ce laps de temps il faut les considérer comme perdus pour le reste de l'armée. »

Au commencement de l'Empire, les officiers, formés par les guerres de la Révolution, par suite d'une habitude des combats qu'on ne peut souhaiter de retrouver chez eux au même prix, avaient acquis une grande solidité.

Dans nos guerres modernes, où le vainqueur perd en hommes souvent plus que le vaincu (je ne parle pas des prisonniers, ce n'est qu'une perte momentanée), la consommation devenant plus grande que les ressources en gens capables et décourageant les fatigués, très nombreux, paraît-il, et habiles à se soustraire au danger, nous retombons dans le désordre. Le duc de Fezensac, un témoin du temps, nous le montre pareil à celui d'aujourd'hui ; aussi on ne compte plus que sur les masses, et à ce jeu-là, malgré les plus savantes combinaisons stratégiques, nous devons perdre la partie.

Le rang, c'est la menace. C'est plus que la menace. La troupe engagée qui fait feu n'appartient plus à son chef, et, comme je vois ce qu'elle fait, je sais ce dont elle est capable. Elle fait son action, et cette action je la puis mesurer. Mais la troupe en rang est en main, je le sais, je le vois, je le sens. Elle peut être menée en toute direction ; je sens d'instinct qu'elle seule est capable de me venir sus, de me prendre de droite, de gauche, de se jeter dans un intervalle, de me tourner. Elle m'inquiète, elle me menace. Où va tomber cette menace?...

Le rang (qui est la menace, la menace sérieuse, que l'effet peut suivre à chaque instant), le rang impose d'une terrible façon. Quand le combat est bien engagé, il fait plus pour la victoire que ne font les combattants, qu'il existe réellement ou qu'il soit supposé exister par l'ennemi. Dans un combat indécis, celui qui peut montrer, rien de plus, des bataillons, des escadrons en ordre, celui-là gagne... La peur de l'inconnu !

La bravoure solide, celle du devoir, ne connaît pas la panique et toujours est la même. La bravoure du sang plaît plus aux Français ; cela se comprend : elle prête à la vanité ; c'est une qualité de nature ; mais elle est journalière, et elle a des défaillances, surtout lorsqu'il n'y a rien à gagner à faire son devoir.

Les troupes molles veulent être conduites, bergers devant ; les troupes solides, bergers derrière ou de côté, c'est-à-dire veulent être dirigées. Avec les premières, un général est cheval de tête ; avec les deuxièmes, chef de manège.

Les manœuvres de cavalerie (voire d'infanterie) sont des menaces. Les plus fortes l'emportent.

Tailler croupières est un mot qui indique à lui seul le but de l'action de cavalerie et ses résultats.

Dans le combat moderne, le fantassin nous échappe par l'éparpillement, et nous disons : guerre de soldats. Cela est mauvais. Prenons notre parti d'une chose nécessaire, et, au lieu de l'éparpillement, augmentons le nombre des points de ralliement, en solidifiant les compagnies, d'où les bataillons, d'où les régiments.

Aujourd'hui plus que jamais, la fuite commence par la queue, qui est atteinte tout comme la tête.

La première chose qui se désorganise dans une armée, c'est l'administration ; la plus simple prévoyance, les moindres mesures d'ordre disparaissent dans la retraite (Russie, Vilna).

Une des singulières anomalies de la discipline française, c'est qu'en route, en campagne surtout, les moyens de répression des fautes deviennent illusoires, nuls, impraticables.

Le soldat s'en aperçoit vite ; l'indiscipline s'ensuit. Si nos mœurs répugnent à une discipline draconienne, remplaçons cette coercition morale par une autre, resserrons, par la connaissance de longue main des hommes et des chefs entre eux, les liens de la solidarité ; prenons appui dans la sociabilité française, et ne cherchons pas à obtenir quand même en pesant sur l'officier outre mesure. C'est lui surtout qui porte le poids de la discipline ; traitons-le avec les égards dus à sa dignité. Evitons de lui faire faire métier de sous-officier ; ne l'usons pas.

Il est à remarquer qu'aujourd'hui, par une tendance dont il faudrait rechercher la cause, mais qui remonte loin et qui est en outre aidée par la *manie du commandement,* inhérente au caractère français, il y a un empiètement général de haut en bas, de l'autorité du chef supérieur sur le chef inférieur; on amoindrit ainsi l'autorité de celui-ci dans l'esprit du soldat; et c'est chose grave, car l'autorité solide, le prestige des chefs inférieurs, font seuls la discipline.

A force de peser sur eux, de vouloir en toute chose imposer son appréciation personnelle, de ne pas admettre les erreurs de bonne foi, de les réprimer et reprendre comme des fautes, et de faire sentir à tous, jusqu'au soldat, qu'il n'y a absolument qu'une autorité infaillible, celle du colonel, par exemple; de montrer à tout venant que le colonel seul a du jugement et de l'intelligence, on enlève à tous toute initiative, on jette tous les grades inférieurs dans l'inertie, provenant de la méfiance de soi-même, de la peur d'être vertement repris.

Que cette main unique, si ferme, qui tient toutes choses, vienne à manquer un instant, tous les chefs inférieurs, qu'elle a tenus d'aplomb jusque-là dans une position qui ne leur est pas naturelle, font comme des chevaux toujours et trop fort tenus en bride : quand la bride vient à manquer, ils se relâchent.

Ils n'y sont plus, ils ne retrouvent pas à l'instant cette confiance en eux-mêmes qu'on s'est trop longtemps pour ainsi dire appliqué à leur enlever (sans le vouloir). Que, dans pareil moment, les circonstances deviennent difficiles, et le soldat bien vite sent la faiblesse et les hésitations de ceux qui le mènent.

Nous n'avons pas de discipline en campagne, précisément alors qu'elle est le plus nécessaire ; il y a eu jusqu'à 25 000 fricoteurs à l'armée d'Italie, en 1859.

Chez les Romains, la discipline était sévère et active surtout devant l'ennemi. La discipline se faisait par les soldats.

Pourquoi de nos jours la compagnie (hommes) ne surveillerait-elle pas et ne punirait-elle pas cela par elle-même ? Les camarades *seuls savent*, et la chose est tellement de leurs intérêts qu'il faudrait encourager la répression par les hommes mêmes. Les 25 000 fricoteurs d'Italie portent tous la médaille d'Italie. Ils sont partis avec un certificat de bonne conduite. En campagne, ce certificat devrait être donné par l'escouade et la compagnie.

CHAPITRE II

ACTION MORALE. — ACTION MATÉRIELLE

L'action d'une armée, d'une troupe sur une autre troupe est à la fois action morale et action matérielle.

L'action matérielle d'une troupe est sa puissance de destruction; son action morale, la crainte qu'elle inspire.

Dans le combat, deux actions morales, plutôt que deux actions matérielles, sont en présence; la plus forte l'emporte. Le vainqueur souvent a perdu, par le feu, plus de monde que le vaincu. C'est que l'action morale n'est pas seulement en raison de la puissance de destruction réelle, effective, elle est en raison surtout de cette puissance présumée qui se manifeste, sous forme de réserve menaçant de renouveler le combat, de troupes paraissant à droite et à gauche, d'attaque de front résolue.

L'action matérielle est d'autant plus grande que les armes (armes, engins, chevaux, etc.) sont meilleures, que les hommes savent mieux s'en servir, que ces hommes, plus nombreux ou plus robustes, peuvent, en se succédant, faire effort plus longtemps.

A puissance égale de destruction, inférieure même, celui-là l'emporte qui sait, par sa résolution, marcher en avant; par des dispositions, des mouvements de troupe, faire planer sur son adversaire une menace nouvelle d'action matérielle, prendre, en un mot, l'ascendant de l'action morale (l'action morale est la crainte qu'on inspire; il faut la changer en terreur pour l'emporter).

Ce qui a fait la force des Turcs dans leurs guerres

contre la Pologne et dans leurs autres guerres, c'est bien moins leur force réelle que leur férocité. Ils massacrent tout ce qui résiste, ils massacrent sans l'excuse de la résistance. La terreur par avance abat devant eux les courages. La nécessité de vaincre ou de périr exalte... la couardise, et l'on se soumet... par peur d'être vaincu.

Lorsque la confiance que l'on met dans une supériorité d'action matérielle incontestable, pour maintenir l'ennemi à distance, est trompée par la résolution de l'ennemi à vous aller chercher de près en bravant vos moyens supérieurs de destruction, l'action morale de l'ennemi sur vous s'accroît de toute cette confiance perdue, cette action morale domine la vôtre. Vous fuyez. Ainsi cèdent les troupes retranchées.

Le sentiment de l'impulsion morale, c'est le sentiment de la résolution qui vous anime, perçu par l'ennemi. Au combat d'Amstetten, seul combat où une ligne en ait attendu, dit-on, jusqu'au choc une autre chargeant à la baïonnette, les Russes ont cédé devant l'impulsion morale, non devant l'impulsion physique. Ils étaient déjà déconcertés, ébranlés, absolument troublés, hésitants, vacillants, lorsque l'abordage s'est fait. Ils ont attendu assez longtemps pour recevoir des coups de baïonnette, des coups de fusil à bout portant (à Inkermann, ils en ont reçu dans le dos), mais ils en ont à peine donné, ils ont fui. Celui qui, calme et ferme de cœur, attend son ennemi, a tout avantage pour ajuster son coup sur celui-ci; mais le sentiment de l'impulsion morale de l'assaillant le démoralise; il a peur, n'ajuste plus ni pointe ni coup de feu; il est culbuté sans défense.

Entre bonnes troupes, si l'on ne prépare pas une attaque, il y a tout lieu de croire qu'elle sera repoussée. Les troupes attaquantes subissent l'action matérielle à laquelle les troupes de défense n'ont point été soumises. Celles-ci sont donc en meilleur ordre, fraîches, tandis que les assaillants sont en désordre et subissent déjà l'influence morale d'une certaine destruction. La supériorité morale que donne l'impulsion en avant peut être plus que compensée par l'ordre et l'intact des défenseurs et les pertes qu'on a subies. La moindre démonstration du défenseur démoralise l'attaque. C'est là le secret de l'infanterie anglaise contre les Français en Espagne, et non leurs feux de rang, de peu d'effet chez eux comme chez nous.

Plus on a de confiance en ses moyens de défense ou d'attaque, plus on est démoralisé, déconcerté de les voir, à un moment donné, insuffisants pour arrêter l'ennemi. Il en est ainsi de la confiance qu'on a dans les armes à feu perfectionnées; leur action se borne, avec l'organisation et le mode de combat actuels des hommes armés de la carabine, à la portée du but en blanc exactement comme avant.

D'où il suit que les charges à la baïonnette (où l'on ne donne jamais un coup de baïonnette), en d'autres termes la marche en avant sous le feu, aura de jour en jour un effet moral d'autant plus grand, et la victoire sera à qui saura donner à ces marches en avant à la fois le plus d'ordre et le plus d'élan résolu, deux choses qui chez nous semblent s'exclure et qu'avec du vouloir et de l'intelligence (*le maintien ferme dans sa main des troupes de soutien immédiat*) on peut espérer réunir, ce qui permet alors d'*enlever* et de *conserver*.

Donc, jamais ne négligez l'action destructive avant d'employer l'action morale ; donc, ayez, et jusqu'au dernier moment, des tirailleurs ; sinon, contre la rapidité du tir actuel (tir au hasard, mais hasard multiplié par la vitesse du tir), nulle attaque ne peut *arriver*.

Depuis les retranchements de Fribourg jusqu'au pont d'Arcole, jusqu'à Solférino, il est une multitude de prouesses, de positions enlevées de front, qui trompent tout le monde, les généraux comme les bons bourgeois, et qui font commettre toujours les mêmes fautes. Il serait temps d'apprendre aux gens que les retranchements de Fribourg n'ont pas été enlevés de front, que le pont d'Arcole n'a pas été enlevé de front (*Correspondance de Napoléon Ier*), non plus que les hauteurs de Solférino.

Toujours la manie, l'impatience du résultat sans les moyens. C'est, du reste, chose qui fait le tact du général de juger du moment de l'attaque et de savoir *la préparer*. Nous enlevons Melegnano sans canon ni manœuvre, mais à quel prix! A Waterloo, la ferme d'Hougoumont nous retient toute la journée, nous coûte et nous désorganise un monde fou, jusqu'à ce qu'enfin Napoléon envoie, ce par quoi eût dû commencer le général chargé de l'attaque, démolir et incendier le château par huit obusiers.

On ne saurait s'imaginer l'incroyable différence qu'il y a entre la pratique et les théories. Un général qui, mille fois sur le champ de manœuvres, a marqué des directions à ses subordonnés ou en a exigé d'eux, donne cet ordre : Allez là-bas, colonel; le colonel : Veuillez me préciser, mon général, sur quel point je dois me diriger, de quel point à quel point je dois occuper; j'ai du monde à ma droite, à ma gauche, etc.; le général : Allez à l'ennemi, monsieur; cela suffit, ce me semble; que signifient ces hésitations?

Et pourtant, ici, c'est le colonel qui a raison. Il faut savoir où l'on envoie son monde, et il faut qu'il le sache lui-même; car l'espace est large, et il y a à choisir entre bien des directions. Si vous ne savez choisir la bonne, l'indiquer à votre subordonné, la lui faire comprendre, lui donner des guides au besoin, êtes-vous réellement général?

Il y a longtemps que le prince de Ligne a fait justice des ordres de bataille, surtout du fameux ordre oblique. Napoléon a tranché la question. Tout cela n'est que pédantisme. Cependant il y a des raisons morales à la force de l'ordre en échelons : c'est la certitude du soutien, la succession d'efforts, la menace suspendue sur l'ennemi.

Nous n'avons parlé et nous ne parlons que du fantassin, parce que c'est pour lui (antique et moderne) que le combat est le plus terrible. Dans l'antiquité, s'il est vaincu, il reste par sa lenteur à la merci du vainqueur. Dans le combat moderne, l'homme à cheval court à travers le danger, mais le fantassin y marche. Il doit y rester sur place souvent, et longtemps. Qui connaît le moral du fantassin, celui qui est mis à la rude épreuve, celui-là connaît le moral de tous les combattants.

CHAPITRE III

DES MASSES

Les Anglais ne s'effrayent pas de la masse. Si Napoléon se fût rappelé la défaite des Géants de l'Armada par les barquettes anglaises, il n'eût pas ordonné la colonne d'Erlon.

On veut à toute force expliquer par une action matérielle l'effet des colonnes, et alors on tombe dans l'action de masse...

Et de nos jours, en effet, on lit ce singulier raisonnement en faveur des attaques par bataillon en colonne serrée :

« Une colonne ne peut s'arrêter instantanément sans commandement. Supposez votre premier rang arrêté à l'instant du choc ; les douze rangs du bataillon, venant *successivement se heurter contre lui*, le poussent en avant... Des expériences ont été faites, et l'on a constaté qu'au delà du chiffre 16 l'impulsion des rangs n'avait plus d'action sur la tête, était complètement amortie par quinze rangs accumulés déjà derrière le premier... Pour faire l'expérience, on n'a qu'à marcher au pas de charge et commander halte à la tête, sans avertir le reste. On verra les rangs se précipiter les uns sur les autres, à moins qu'ils ne soient fort attentifs, ou que, prévenus que l'on va faire *ce commandement, ils ne se retiennent insensiblement en marchant.* »

Mais précisément, dans une charge réelle, tous vos rangs sont fort attentifs, fort inquiets, anxieux de ce qui se passe à la tête, et si celle-ci cesse d'avancer, si le premier rang s'arrête, il y a *refoulement en arrière* et *non en avant;* et cela quand même votre brave bataillon *serait lancé à toute course*, au lieu d'avoir ce calme et cet aplomb impossibles chez nous, mais qu'on lui suppose, d'aller jusque sur l'ennemi à une vitesse de 120 pas par minute. Comme on ne va jamais à ce dernier moment qu'à corps perdu, si la tête s'arrête, elle ne sera pas seulement poussée ; *d'après la théorie* des impulsions successives, elle sera culbutée : le deuxième rang viendra tomber sur le premier, et ainsi de suite. On n'a pas encore fait l'expérience au champ de manœuvres, mais on devrait bien la faire, pour voir jusqu'à quel rang irait cette chute de capucins de cartes.

Mais l'impulsion physique est un mot, parce que, si la tête veut s'arrêter, elle se laissera tomber et fouler aux pieds plutôt que de céder à la pression qui la pousserait en avant. Pour qui a vu, senti, éprouvé, compris un combat d'infanterie de nos jours, voilà ce qui arrive et ce qui démontre combien grande est l'erreur de l'impulsion physique, erreur qui commande et a commandé souvent sous l'Empire, tant forts sont la routine et le préjugé, les attaques en colonnes serrées, c'est-à-dire en désordre absolu, sans action des chefs [1].

---

[1]. On ne peut comprendre ces attaques en masse, dont un dixième arrivait quand il arrivait, et ne pouvait conserver le terrain conquis, s'il était attaqué; on ne peut les expliquer autrement que par le manque de confiance des généraux dans leurs troupes. Napoléon les condamne expressément en ses mémoires ; il ne les commandait donc pas. Mais lorsque les bonnes troupes furent usées, lorsque les généraux ne crurent plus obtenir de leurs jeunes soldats des attaques

Voilà donc ce qui arrive : votre bataillon, je l'admets, a marché en colonne serrée avec ordre; ses subdivisions existent nettement séparées par leurs quatre pas; les cadres ont action sur les hommes; les uns et les autres sont frais, dispos : ils sortent de leur caserne légèrement chargés, sans préoccupation, ne songeant qu'à la manœuvre; et cependant au simple pas accéléré, pour peu que le terrain ne soit pas uni comme la main, ou que le guide ne marche pas avec une rectitude mathématique, n'est-il pas vrai que votre bataillon en colonne serrée devient en un clin d'œil un troupeau de moutons. Mais passons. Votre bataillon est à 100 pas de l'ennemi; que va-t-il arriver? Ceci, et l'on n'a jamais vu, on ne verra jamais avec le fusil, autre chose :

Si le bataillon a résolument marché, s'il est en ordre, il y a dix à parier contre un que l'ennemi s'est retiré déjà, ou se retirera sans attendre davantage. Mais l'ennemi ne bronche pas.

Alors l'homme, nu de nos jours contre le fer ou le plomb, ne se possède plus. L'instinct de la conservation le commande absolument. Deux moyens d'éviter ou d'amoindrir le danger, et pas de milieu : fuir ou se ruer. — Ruons-nous!

Eh bien! si petit soit l'espace, si court soit l'instant

solides en dispositions tactiques, ils essayèrent la masse, revinrent à la masse, qui est l'enfance de l'art, une sorte de moyen de désespoir.

qui nous sépare de l'ennemi, encore l'instinct se montre. Nous nous ruons, mais... la plupart nous nous ruons avec prudence, avec arrière-pensée plutôt, laissant passer les plus pressés, les plus intrépides, et ceci est singulier, mais absolument vrai, nous *sommes d'autant moins serrés* que nous approchons davantage, et adieu la théorie de la poussée.

Et si la tête est arrêtée, ceux qui sont derrière se laissent choir plutôt que de la pousser, et, si cependant cette tête arrêtée est poussée, elle se laisse choir plutôt que d'avancer. Il n'y a pas à se récrier, c'est ainsi. La poussée a lieu, mais pour le fuyard (combat de Diernstein).

Mais l'ennemi ne tient jamais sur place ; la pression morale du danger qui s'avance est trop forte pour attendre ; autrement, qui tiendrait bon en joue, même avec des fusils vides, ne verrait jamais charge arriver jusqu'à soi, parce que le premier rang de l'assaillant se sentirait mort, et que nul ne voudrait être au premier rang. Donc l'ennemi ne tient jamais sur place, parce que, s'il tient, c'est vous qui fuyez, ce qui supprime toujours le choc. Il supporte une angoisse qui n'est pas moindre que la vôtre, et quand il vous voit si près, pour lui aussi pas de milieu, *fuir ou aller au devant*. Et la question alors est entre deux impulsions morales.

Voici le *raisonnement instinctif* qui se fait chez le

soldat, chez l'officier : Si ces hommes m'attendent ou s'ils viennent jusqu'à moi, à brûle-pourpoint, je suis mort. Je tue, mais je suis tué pour sûr. A bout de canon, la balle ne s'égare plus. Mais, si je leur fais peur, ils se sauvent, et ce sont eux qui reçoivent balles et baïonnettes dans le dos. Essayons. Et l'on essaye, et toujours une des deux troupes, si près que l'on voudra, à deux pas si l'on veut, fait demi-tour avant l'abordage.

Le choc est un mot.

La théorie de Saxe, la théorie Bugeaud : « Allez de près à coups de baïonnette et de fusil tirés à brûle-pourpoint; c'est là qu'il se tue du monde, et c'est le victorieux qui tue, » n'est fondée sur aucune observation. Nul ennemi ne vous attend si vous êtes résolu, et jamais, jamais, il ne se trouve deux résolutions égales face à face. Et cela est tellement connu, senti de tout le monde, de toutes les nations, que les Français n'ont jamais rencontré qui résistât à une charge à la baïonnette.

Les Anglais en Espagne, en marchant résolument au devant des charges en colonne des Français, les ont toujours culbutés.

Blücher, dans ses instructions à ses troupes, rappelle que jamais les Français n'ont tenu devant la marche résolue des Prussiens en colonne d'attaque.

Souwarow ne connaissait pas de meilleure tactique,

et ses bataillons nous ont, en Italie, chassés devant leurs baïonnettes, etc., etc., etc.

Tous les peuples de l'Europe disent : Nul ne tient devant une attaque à la baïonnette [1], franchement faite par nous, et tous ont raison; pas plus Français qu'autres ne tiennent devant attaque résolue. Tous sont persuadés que leurs attaques sont irrésistibles; allez au devant, vous les étonnerez si fort qu'ils fuiront.

Dès l'antiquité, il est dit : Les troupes jeunes se troublent si l'on vient sur elles en tumulte et en désordre. Les troupes vieilles, au contraire, en augurent la victoire.

Au commencement d'une guerre, toutes les troupes sont jeunes. Notre impétuosité nous pousse en avant comme fous... l'ennemi fuit.

Si la guerre dure, tout le monde s'aguerrit, et l'ennemi ne se trouble plus devant une troupe qui charge désordonnée, parce qu'il la sait et sent poussée autant par la peur que par la résolution. L'ordre seul alors impose dans une attaque, parce qu'il indique résolution réelle, et voilà pourquoi il en faut prendre l'habitude, et le garder jusqu'au *dernier moment, jusqu'au moment du corps perdu;* voilà pourquoi il ne faut point prendre le pas de course de trop loin,

---

[1]. Baïonnette au canon ou dans le fourreau, il n'importe...

parce que vous devenez de suite troupeau de moutons et laissez tant de monde en arrière que vous *n'arrivez pas;* pourquoi la colonne serrée, qui vous fait d'avance troupeau de moutons, où chefs et soldats sont absolument mêlés et sans action réciproque les uns sur les autres, est absurde ; pourquoi il faut marcher en tel ordre, distance entière, demi-distance, qui permette l'action des cadres, l'action de la solidarité, chacun marchant devant témoins, en plein jour, tandis que, dans la colonne serrée, il marche sans témoins et, pour moins que rien, se couche ou reste en arrière; pourquoi il faut toujours garder ses tirailleurs en avant, sur les flancs, ne les jamais rappeler à proximité de l'ennemi, et ne pas établir ainsi un contre-courant qui vous entraîne du monde, mais bien les laisser faire ; ce sont vos enfants perdus ; ils sauront bien se garer du reste ; pourquoi, etc.

En résumé, il n'y a point de choc d'infanterie à infanterie, il n'y a point d'impulsion physique, de force de masse ; il n'y a qu'une impulsion morale, et personne ne nie que cette impulsion morale ne soit d'autant plus forte qu'on se sent mieux soutenu, qu'elle n'ait une action d'autant plus grande sur l'ennemi qu'elle le menace avec plus de monde : d'où s'ensuit que la colonne vaut mieux pour l'attaque que l'ordre déployé.

On pourrait conclure de ce que nous avons dit

dans cette longue note que la pression morale, qui fait toujours fuir quand on est franchement et résolument attaqué, ne saurait permettre à nulle infanterie de tenir contre une charge de cavalerie. — Contre une charge résolue, jamais, en effet. — Mais il faut bien tenir quand on ne peut fuir, et jusqu'à ce qu'il y ait démoralisation complète, effarement absolu, toute infanterie sent que *fuir devant le cheval est duperie*, tandis que le fusil, le fusil est infaillible à bout portant, et le cavalier y songe.

Il n'en est pas moins vrai que toute charge franchement résolue doit renverser... Mais que l'homme soit à pied ou à cheval, c'est toujours l'homme. Encore, à pied, n'a-t-il que lui à forcer; à cheval, il doit forcer homme et bête à marcher à l'ennemi. Et *fuir est si facile avec le cheval* (remarqué par Varnery).

Nous avons vu comment, dans une masse d'infanterie, la queue est impuissante à pousser la tête, à moins que la queue n'ait canons derrière plus menaçants que ceux de l'ennemi. Il y a longtemps que la cavalerie est revenue de ce préjugé. Elle attaquera plutôt en colonne à distance double qu'à demi-distance, pour éviter l'affreuse et inerte confusion d'une masse équestre. Et cependant la séduction du raisonnement mathématique est telle, que des officiers de cavalerie, des Allemands surtout, ont sérieusement proposé d'attaquer l'infanterie par des masses profondes, afin que les divisions de la queue donnassent impulsion à celles de la tête, d'après le proverbe : Un clou chasse l'autre (textuel). A gens qui raisonnent ou déraisonnent ainsi, que dire? Rien, sinon : attaquez-nous toujours ainsi.

Pourquoi le colonel A... ne demande-t-il pas l'ordre profond pour la cavalerie, lui qui croit à la pression des derniers rangs sur le premier ? Est-ce parce qu'enfin on s'est convaincu que le premier rang seul peut agir dans une charge de cavalerie et que ce rang ne peut recevoir des autres placés derrière lui aucune impulsion, aucune augmentation de célérité.

On a vu en Crimée des attaques réelles à la baïonnette, notamment à Inkermann.

Elles étaient faites par un petit nombre sur un grand, et la puissance de masse n'a rien à faire en ces exemples, vu que c'est la masse qui recule, — qui recule, tourne le dos même avant le choc, — à ce point que ceux qui chargeaient résolument ne font que frapper et tirer dans le dos.

Mais ces exemples montrent des gens qui se trouvent nez à nez sans s'en douter, à la distance à laquelle l'homme peut se jeter à corps perdu sans tomber en route, hors d'haleine. — Ce sont des rencontres ; — on n'est point encore démoralisé par le feu ; il faut foncer ou reculer...

Et le combat de près n'existe pas ; c'est la *cædes*

antique..... Un seul frappe dans le dos de l'autre.

Les colonnes n'ont absolument qu'une action morale et sont une disposition préventive...

Vous ne croyez plus depuis longtemps à l'impulsion de masse de la cavalerie; vous avez renoncé à la former sur rangs profonds, et cependant la cavalerie jouit d'une vitesse qui amènerait plus de poussée sur la tête arrêtée que n'en amèneraient les derniers rangs de l'infanterie sur les premiers. Et vous croyez à l'action de masse de l'infanterie!!!

Les tirailleurs et les masses, voilà le moyen d'action de troupes françaises peu instruites. Avec de l'instruction et de la solidité : tirailleurs soutenus et dispositions par colonnes n'excédant pas un bataillon.

Tant que les masses antiques marchent en avant, elles ne perdent personne et personne ne se couche pour éviter le combat ; l'élan va jusqu'au temps d'arrêt (la course est petite en tout cas). Dans les masses modernes, les masses françaises surtout, la marche peut être continue, mais la masse perd en marchant sous le feu, et la pression morale arrête en route moitié des combattants (car il faut marcher longtemps).

Napoléon trouva dans le principe, pour instrument, une armée possédant de bonnes méthodes de combat, et dans ses plus belles batailles le combat se fait d'après ces méthodes; il ordonne, laissant aux chefs les moyens d'exécution. Lorsqu'il dicte lui-même ces moyens (dit-on, car il le dément à Sainte-Hélène), c'est à Wagram, à Eylau, à Waterloo, pour engager l'infanterie par masses énormes, sans action matérielle, c'est certain, d'un puissant effet moral parfois, c'est possible, mais en tout cas avec une consommation d'hommes effroyable et un désordre qui, après le coup de collier, ne permet plus de rallier et d'employer de la journée des troupes ainsi engagées. Moyen barbare (dans le sens romain), enfance de l'art, s'il était permis, envers un tel homme, d'employer le mot; moyen qui ne réussit pas contre des troupes douées de sang-froid, de raisonnement (corps d'Erlon à Waterloo).

Avec une clarté lumineuse, Napoléon voyait le but; et du jour que son impatience (l'omnipotence rend impatient) ou bien le manque d'expérience et de savoir faire, soit des chefs soit des troupes, trop souvent renouvelées [1], ne lui permit plus de prendre des dispositions d'attaque réellement tactiques, il sacrifia complètement l'action matérielle de l'infanterie, de la cavalerie même, à l'action morale des mas-

---

1. Dans les armées antiques, la victoire coûtait bien moins que dans les armées modernes, et les fatigues, moindres sans doute, y laissaient plus longtemps les mêmes soldats. Alexandre a perdu 700 hommes par le fer dans ses campagnes, et avait à la fin des soldats de soixante ans.

ses; système plus praticable avec des Russes, qui se pelotonnent, s'agglomèrent naturellement, mais non plus efficace : témoin la masse d'Inkermann.

Le moral des masses est tout entier dans le combat de César contre les Nerves, de Marius contre les Cimbres.

Plutarque, dans la *Vie de Marius*, raconte ainsi ce dernier combat :

« Boïorix, roi des Cimbres, à la tête d'un détachement peu nombreux de cavalerie, s'étant approché du camp de Marius, provoqua ce général à fixer le jour et le lieu d'un combat pour décider qui resterait maître du pays. Marius lui répondit que les Romains ne prenaient jamais conseil de leurs ennemis pour combattre ; que cependant il voulait bien satisfaire les Cimbres. Ils convinrent donc que la bataille se donnerait en trois jours et dans la plaine de Verceil, lieu commode aux Romains pour déployer leur cavalerie, et aux barbares pour étendre leur nombreuse armée. Les deux partis, au jour fixé, se mirent en bataille : Catulus avait sous ses ordres 20 300 hommes et Marius 32 000, qui, placés aux deux ailes, environnaient Catulus, dont les troupes occupaient le centre. C'est ainsi que l'écrit Sylla, qui fut présent à cette bataille. On dit que Marius donna cette disposition aux deux corps de son armée, parce qu'il espérait tomber, avec ses deux ailes, sur les phalanges ennemies et ne devoir la victoire qu'aux troupes qu'il commandait, sans que Catulus y eût aucune part et pût même se mêler avec les barbares. En effet, lorsque le front d'une bataille est fort étendu, les ailes débordent sur le centre, qui se trouve alors très enfoncé. On ajoute que Catulus signala cette disposition dans l'apologie qu'il fut obligé de faire, et qu'il se plaignit hautement de la perfidie de Marius. L'infanterie des Cimbres sortit en bon ordre de ses retranchements, et, s'étant rangée en bataille, elle forma une phalange carrée qui avait autant de front que de profondeur et dont chaque côté couvrait 30 stades de terrain. Leurs cavaliers, au nombre de 15 000, étaient magnifiquement parés : leurs casques se terminaient en gueules béantes et en mufles de bêtes sauvages, surmontés de hauts panaches semblables à des ailes, qui ajoutaient encore à la hauteur de leur taille. Ils étaient couverts de cuirasses de fer et de boucliers d'une éclatante blancheur. Ils avaient chacun deux javelots à lancer de loin, et dans la mêlée ils se servaient d'épées longues et pesantes.

« Dans cette bataille ils n'attaquèrent pas les Romains de front ; mais, s'étant détournés à droite, ils s'étendirent insensiblement, dans le dessein de les enfermer entre eux et leur infanterie qui occupait la gauche. Les généraux romains s'aperçurent à l'instant de leur ruse ; mais ils ne purent retenir leurs soldats, dont l'un, s'étant mis à crier que les ennemis fuyaient, entraîna tous les autres à leur poursuite. Cependant l'infanterie des barbares s'avançait, semblable aux vagues d'une mer immense.

« Marius, après s'être lavé les mains, les éleva au ciel et fit vœu d'offrir aux dieux une hécatombe ; Catulus, de son côté, ayant aussi levé les mains au ciel, promit de consacrer la fortune de ce jour. Marius fit encore un sacrifice, et, lorsque le prêtre lui montra les entrailles de la victime, il s'écria : « La victoire est à moi ! » Mais, dès que les deux armées s'ébranlèrent, il survint un accident qui, selon Sylla, parut l'effet de la vengeance céleste sur Marius. Le mouvement d'une multitude si prodigieuse fit lever un tel nuage de poussière que les deux armées ne purent plus se voir. Marius, qui s'était avancé le premier avec ses troupes pour tomber sur l'ennemi, le manqua dans cette obscurité, et, ayant poussé bien au delà de leur bataille, il erra longtemps dans la plaine, tandis que la fortune conduisait les barbares vers Catulus, qui seul eut à soutenir tout leur effort avec ses soldats, au nombre desquels était Sylla. L'ardeur du jour et les rayons brûlants du soleil, qui donnaient dans le visage des Cimbres, secondèrent les Romains. Ces barbares, nourris dans des lieux froids et couverts, et endurcis aux plus fortes gelées, ne pouvaient supporter la chaleur ; inondés de sueur et tout haletants, ils se couvraient le visage de leur bouclier pour se défendre de l'ardeur du soleil, car cette bataille se donna après le solstice d'été, trois jours avant la nouvelle lune du mois d'Auguste, appelé alors Sextilis. Ce nuage de poussière soutint le courage des Romains en leur dérobant la multitude des ennemis. Chaque bataillon ayant couru charger ceux qu'il avait en face, ils en vinrent aux mains avant que la vue du grand nombre des barbares eût pu les effrayer. D'ailleurs l'habitude du travail et de la fatigue avait tellement endurci leurs corps, que, malgré l'extrême chaleur et l'impétuosité avec laquelle ils étaient allés à l'ennemi, on ne vit pas un seul des Romains suer ni haleter. C'est, dit-on, le témoignage que Catulus lui-même leur rend en faisant l'éloge de ses troupes.

« La plupart des ennemis, et surtout les plus braves, furent taillés en pièces, car, pour empêcher les premiers de rompre leurs rangs, ils étaient liés ensemble par de longues chaînes attachées à leurs baudriers. Les vainqueurs poussèrent les fuyards jusque dans leurs retranchements.

« Les Romains firent plus de 60 000 prisonniers aux Cimbres et en tuèrent deux fois autant. »

Mais de nos jours, en France surtout, l'homme regimbe contre un emploi semblable de sa vie. Le Français veut combattre, rendre coup pour coup; sinon voici ce qui arrive, ce qui arrivait aux masses de Napoléon. — Prenons Wagram, où sa masse n'a pas été repoussée : sur 22 000 hommes, 3000, 1500 à peine ont atteint la position, sont arrivés en un mot, et certainement la position n'a pas été enlevée par eux, mais par l'effet matériel et moral de la grande batterie de 100 pièces, des charges de cavalerie, etc.

Les 19 000 manquants étaient-ils hors de combat ? — Non : 7 sur 22 ; un tiers, proportion énorme, pouvaient avoir été atteints. Les 12 000 manquants réellement, qu'étaient-ils devenus ? Ils étaient tombés, s'étaient couchés en route, avaient fait les morts pour ne pas aller jusqu'au bout. Dans une masse aussi confuse de bataillons déployés, où la surveillance, déjà difficile dans une colonne à distance entière, est impossible, rien de plus facile que cette sorte de défilement par l'inertie, rien de plus commun.

La chose arrive chez *toute* troupe marchant en avant sous le feu, dans quelque ordre qu'elle soit, et le nombre des hommes qui tombent ainsi volontairement, se laissant aller au moindre bronchement, est d'autant plus grand que la discipline est moins ferme et que la surveillance des chefs et des camarades est plus difficile. Dans un bataillon en colonne serrée en masse, cette sorte de désertion du moment est énorme. La moitié du monde tombe en route. Le premier peloton est mêlé au quatrième, la colonne n'est plus qu'un troupeau; personne n'a plus aucune action, tout le monde étant mêlé. Si l'on arrive néanmoins, en vertu de l'impulsion première, le désordre est si grand que, la position enlevée, réattaquée par quatre hommes, est perdue.

Notre infanterie n'a plus de tactique de combat; l'initiative du soldat commande. — Le premier Empire (lorsque les vieux soldats étaient usés, peut-être même dès l'origine) n'a confiance que dans l'action à la fois morale et *passive* des masses. — C'est un retour vers l'enfance de l'art...

Aujourd'hui, l'initiative du soldat regimbe ou regimberait contre cette attaque passive par masses, et l'on ne combat qu'en tirailleurs, ou l'on marche en avant en troupe confuse dont les trois quarts se défilent en route, si le feu est sérieux. La première méthode vaut mieux que la deuxième, mais elle est mauvaise aussi si une forte discipline, une méthode de combat étudiée d'avance et chaque jour par les exercices d'un *règlement pratique*, ne maintient dans la main du chef, des chefs, de fortes réserves pour soutenir, parer aux paniques et achever l'effet moral d'une marche sur l'ennemi, de menaces de flanc, etc., l'action destructive des tirailleurs.

Du jour où l'arme de jet est devenue l'arme la plus meurtrière, la plus efficace, une troupe qui se resserre pour combattre est une troupe dont le moral faiblit, etc.

Les manœuvres pratiques ne sont possibles qu'avec une bonne organisation ; sinon il n'y a plus de possible que la masse passive ou le troupeau comme attaque.

La disposition en masse ne saurait être une disposition de marche, même pour un bataillon et pour une distance courte. Par la chaleur, la colonne serrée est intolérable ; c'est un étouffoir où l'air ne circule pas.

La demi-distance est meilleure ; elle permet de voir et de respirer, elle permet la mise en bataille sur chaque flanc par demi-subdivisions. Ce n'est qu'un ordre de nécessité, de surprise. Les demi-subdivisions non en première ligne sont portées à distance de demi-subdivision, l'arme au pied, et peuvent fournir des tirailleurs ou la réserve de la première ligne envoyée en tirailleurs. — Ceci n'est pas dans le règlement.

Quels meilleurs arguments contre les colonnes profondes que les négations mêmes de Napoléon ?

CHAPITRE IV

SOUTIENS. — RÉSERVES. — CARRÉS. — CE QUE VAUT LE RANG.

Celui, général ou simple capitaine, qui emploie tout son monde à l'enlèvement d'une position, peut être sûr de la voir reprendre par le retour offensif de quatre hommes et un caporal marchant ensemble.

La chose est incroyable, mais vraie. On entend des gens qui veulent faire *soutenir* les troupes les plus fortes par les plus faibles.

Quand on garde son infanterie de ligne pour la faire donner comme soutien, on fait l'inverse de ce qui doit être fait. Les moins solides, les plus impressionnables, on les pousse dans la *voie* ensanglantée par les plus forts, pour les mettre, après l'angoisse morale de l'attente, en face des horribles destructions, mutilations, des engins modernes. Si l'antiquité avait besoin de troupes solides comme soutien, nous en avons un besoin plus grand; car la mort, dans les combats antiques, n'avait rien de l'horrible qu'elle présente dans la bataille moderne, où la chair est mâchée, hachée par le canon, et, tant qu'il n'y avait pas défaite, les blessés étaient peu nombreux. Réponse à ceux qui veulent commencer l'action par les chasseurs, les zouaves, etc.

Moins mobiles sont les troupes, plus meurtriers sont les combats. Les démonstrations à la baïonnette sont moins faciles; le moral par suite est moins ébranlé, l'homme craignant plus l'homme que la fatalité. On est étonné des pertes essuyées sans broncher par les armées de Turenne..... Les pertes sont-elles accusées exactement par les capitaines de ce temps?

Pour qu'il y ait surveillance et responsabilité réelles, des compagnies aux brigades, les troupes de soutien doivent être de la même compagnie, du même bataillon, de la même brigade, suivant le cas. Chaque brigade doit avoir ses deux lignes, chaque bataillon ses tirailleurs, etc., etc.

Le système d'avoir toujours une réserve à conserver le plus longtemps possible pour agir quand l'ennemi a usé les siennes doit s'appliquer de haut en bas ; tout bataillon, la sienne ; tout régiment, la sienne ; maintenue ferme et forte.

Les carrés parfois sont enfoncés par la cavalerie, qui poursuit les tirailleurs du carré, lesquels, au lieu de se coucher, se ruent en aveugles sur leur refuge, qu'ils paralysent et livrent. Avec du vouloir chez les cavaliers, nul carré ne peut tenir... Mais !...

Le carré de l'infanterie n'est point affaire de mécanisme, de raisonnement mathématique : c'est affaire de moral, pas autre chose. Il est certain qu'un peloton sur quatre rangs faisant face, deux en avant, deux en arrière, ses flancs gardés par les files extrêmes qui font face de côté, et dirigé, soutenu par les cadres, qui se placent en cinquième rang, dans l'intérieur du rectangle, est, par le fait de son peu de surface et par son feu, inexpugnable à toute cavalerie. Cependant ce peloton préférera faire partie d'un grand carré, se croira plus fort parce qu'il sera plus nombreux, et de fait le sera, puisque le sentiment de la force fait toute cette force, fait la contenance solide à la guerre.

Les gens qui ne *calculent* que d'après le feu fourni, d'après la puissance de destruction de l'infanterie, voudraient la laisser résister, déployée, à la cavalerie ; ils ne songent pas que, ne se sentant soutenue, maintenue, puisque le carré, par sa forme, semble empêcher la fuite, le *vent* de la charge, si cette charge est menée résolument, la renversera bien avant le choc. Il est clair que si la charge est mal menée, que l'infanterie soit solide ou non, elle n'arrivera jamais. Pourquoi?... par les raisons morales, et pas d'autres, qui font que le soldat en carré se sent plus fort qu'en ligne, se sent gardé derrière et n'a point d'espace où fuir, etc., etc.

Par quelle disposition, avec des armes à tir précipité, l'infanterie peut-elle se garer d'attaque de cavalerie sur ses flancs? (Si l'on tire quatre fois plus vite, si le tir est plus tendu, on a besoin de quatre fois moins de monde pour garder un point contre la cavalerie...) Par petits groupes espacés à portée de fusil, se flanquant par conséquent, laissés sur le flanc de la marche en avant. Mais il faut gens solides et qui surveillent ce qui se passe derrière.

Les officiers français ont plus d'amour-propre que de solidité. Devant le danger, ils se déconcertent, ils hésitent, ils perdent la mémoire et la tête, et, pour se tirer d'affaire, ils crient : En avant, en avant! Voilà un des motifs pour lesquels le rang est si difficile, surtout depuis l'Afrique, où beaucoup est laissé à l'initiative du soldat.

Le rang est donc un idéal qui ne s'obtient plus dans les guerres modernes, mais vers lequel on doit tendre ; et nous allons nous en éloignant. Et puis, l'habitude manquant, le naturel reprend son empire. Où est le remède? Il est dans une organisation établissant la solidarité par la connaissance mutuelle, de tous, de haut en bas, rendant possible ainsi cette surveillance mutuelle, qui a tant de puissance sur l'amour-propre français, etc.

L'amour-propre est, sans contredit, un des plus puissants mobiles de nos soldats. Ils ne veulent point passer pour c... aux yeux de leurs camarades. Ils se cachent, ou bien ils marchent en avant et alors veulent se distinguer. Mais à la suite de toute attaque, le rang (non le rang de l'exercice, mais le ralliement au chef, la marche avec lui) n'existant plus par suite du désordre inhérent chez nous à toute marche en avant, sous le feu, les hommes, dépaysés, n'ayant plus les yeux de leurs camarades, de leur chef, pour les soutenir, l'amour-propre ne les pousse plus, et ils ne tiennent pas. Le moindre retour offensif les met en déroute.

L'action du rang est une action purement morale. Quiconque lui attribue une action matérielle efficace contre des troupes solides, froides, se trompe et se fait battre. Les tirailleurs seuls font du mal, et les tireurs en feraient plus si l'on savait les employer.

L'organisation de la légion du maréchal de Saxe prouve singulièrement combien était forte la préoccupation du choc et la volonté de le faire prédominer sur le feu.

... L'ordonnance du roi, du 1er juin 1776, dit ceci, page 28 : « L'expérience ayant prouvé que les trois rangs tirent debout à la guerre, et l'intention de Sa Majesté étant de ne prescrire que ce qui se peut exécuter devant l'ennemi, elle ordonne que, dans les feux, le premier homme ne mette jamais genou en terre, et que les trois rangs tirent debout à la fois[1]... »

Le maréchal Gouvion Saint-Cyr affirme que ce n'est pas exagéré de dire que le troisième rang met hors de combat le quart des hommes qui sont blessés dans une affaire. Cette évaluation n'est point portée assez haut s'il s'agit d'une troupe composée de recrues, comme celles qui ont combattu à Lutzen et à Bautzen. Et le maréchal cite l'étonnement de Napoléon lorsqu'il vit l'immense quantité d'hommes blessés depuis la main jusqu'au coude, etc.

---

1. Cette même ordonnance renferme une instruction sur le tir à la cible et l'exécution des feux sur des buttes.

Singulière chose que cet étonnement de Napoléon, et cette ignorance de ses maréchaux pour expliquer ces blessures. Le médecin en chef Larrey, par l'observation des blessures, disculpa seul nos soldats de l'accusation de mutilation volontaire.

Pour que l'observation n'eût pas été faite plus tôt, il fallait certainement que les blessures ne fussent pas nombreuses ; et cela ne peut s'expliquer que par ce fait que les jeunes soldats de 1813 se tenaient instinctivement serrés dans le rang, et que jusqu'à eux les soldats avaient dû s'espacer, instinctivement encore, afin de pouvoir tirer. Ou bien en 1813 on a dû faire tirer ces jeunes gens plus longtemps, afin de les distraire et de les tenir dans le rang, et on les a peu lâchés en tirailleurs de peur de les perdre, tandis qu'auparavant les feux par le rang devaient être beaucoup plus rares, l'action de feu étant abandonnée presque exclusivement aux tirailleurs.

On s'étonne de trouver chez un homme ayant des idées pratiques, comme Guibert, sur quantité de choses, une longue dissertation pour démontrer que les officiers de son temps ont tort de recommander d'ajuster en plein corps, de tirer bas, parce que ces prescriptions sont ridicules pour qui connaît la trajectoire du fusil. Ces officiers avaient bien raison : ils renouvelaient les recommandations de Cromwell, parce qu'ils savaient comme lui que, dans le combat, le soldat tire toujours trop haut, parce qu'il n'ajuste pas, et parce que la forme du fusil, quand on le porte à l'épaule, tend à maintenir le corps plus haut que la culasse (cela ou autre chose, le fait est que la chose est). Guibert dit avoir vu dans les exercices prussiens toutes les balles porter à terre à cinquante pas. Avec les armes de ce temps et la manière de combattre, ce résultat eût été magnifique, si devant l'ennemi les balles prussiennes fussent tombées à cinquante pas au lieu de passer par-dessus les têtes.

A Molwitz, les Autrichiens ont plus de 5000 hommes hors de combat et les Prussiens plus de 4000.

L'invention des armes à feu a diminué les pertes des vaincus dans les combats; leur perfectionnement les a diminuées et les diminue chaque jour. Ceci ressemble à un paradoxe; mais les chiffres sont là, et le raisonnement, pour qui sait raisonner, démontre la chose inévitable.

Je crois en vérité que ce qui faisait qu'on s'imaginait tenir au feu autrefois, c'est qu'on ne savait pas se remuer. (Prince de Ligne.)

A la petite guerre, combien de capitaines sont capables de commander tranquillement leurs feux et de manœuvrer avec calme?

Les Autrichiens avaient le feu de rang à commandement en Italie contre la cavalerie. L'ont-ils fait? Non : ils ont fait feu avant le commandement, un feu irrégulier, un feu de file. Ils ont manqué le résultat. Dans le feu de deux rangs, le premier rang seul peut tirer horizontalement ; c'est du reste la seule chose à demander ; le deuxième rang ne peut que tirer en l'air ; il est inutile comme feu avec nos sacs chargés et nos hommes élevant le coude plus haut que l'épaule. Le sac ne pourrait-il être plus épais et moins large ? ne pourrait-on porter le sac-tente en turban ? faire desserrer le premier rang et placer le deuxième en échiquier ? Les feux contre la cavalerie sont les seuls feux à exécuter dans le rang.

Un rang sera meilleur que deux, parce que ce rang ne sera pas gêné par celui placé derrière lui. Donc un seul feu est praticable, un seul efficace, celui d'un rang, celui de tirailleurs serrés.

Les troupes en ordonnance ne peuvent servir que comme effet moral, pour l'attaque, la démonstration. Si elles veulent produire un effet réel, agir par mousqueterie, il faut se mettre sur un rang

CHAPITRE V

DES FEUX

I

On dirait que l'histoire des feux de l'infanterie n'est pas suffisamment éclaircie, quoique les feux soient aujourd'hui, en Europe, et cela presque absolument, le seul moyen de destruction employé par cette arme.

Napoléon a dit : « Le seul feu praticable à la guerre est le feu à volonté. » Et, après une déclaration si nette d'un homme qui s'y connaissait, on semble, au jour où nous sommes, vouloir faire des feux à commandement la base de la tactique de combat de l'infanterie !

Est-on dans le vrai? est-on dans le faux? L'expérience seule peut répondre. Cette expérience est faite; mais rien, dans le métier des armes surtout, ne s'oublie plus vite que l'expérience. On peut faire de si belles choses, exécuter de si beaux mouvements, inventer de si ingénieuses manières de combattre dans des élucubrations de cabinet et dans les camps de manœuvre ! Tâchons cependant de faire parler les faits.

Prenons, dans un cours de tir quelconque, un historique succinct de l'arme à feu portative; voyons de quels feux, avec chaque arme, on faisait usage, en tâchant de démêler ce qui se passe de ce qui s'écrit.

II

Historique succinct des transformations successives des armes à feu, depuis l'arquebuse jusqu'à notre fusil.

Les arquebuses en usage avant l'invention de la poudre donnèrent l'idée de la forme générale des armes à feu. Les arquebuses forment donc la transition des anciennes armes de jet aux nouvelles.

On conserva le tube pour diriger le projectile, et l'on remplaça l'arc et sa corde par un appareil contenant la poudre et permettant de l'enflammer.

On eut ainsi une arme très simple, très légère et très facile à charger; mais la balle, de petit calibre, lancée par un canon très court, n'avait de pénétration qu'à de courtes distances.

On allongea le canon, on augmenta le calibre, et on eut une arme plus efficace, mais aussi plus incommode; il était en effet impossible de tenir l'arme en joue pour viser et de résister au recul en même temps qu'on mettait le feu.

Pour s'opposer à l'effet du recul, on adapta à la partie inférieure du canon un croc ou crochet qu'on appuyait contre un obstacle fixe au moment du tir. L'arme ainsi modifiée prit le nom d'*arquebuse à croc*.

Mais l'emploi du croc ne pouvait avoir lieu que dans des circonstances particulières. Pour pouvoir donner à l'arme un point d'appui sur le corps même du tireur, on prolongea le fût et on l'inclina pour pouvoir viser. On eut ainsi le *pétrinal* ou *poitrinal*. Le soldat avait en outre une fourchette pour appuyer le canon.

Dans le *mousquet*, qui vint ensuite, on modifia

encore le fût et on l'appliqua contre l'épaule même du tireur. De plus, le mode de communication du feu à la charge se perfectionna.

Dans le principe, on mettait le feu au moyen d'une mèche enflammée; mais avec le mousquet, l'arme devenant plus légère et portative, on trouva d'abord la platine à serpentin ou à mèche, ensuite la platine à rouet et enfin la platine à miquelet et la platine à silex.

L'adoption de la platine à silex et de la baïonnette donna le *fusil*, que Napoléon regardait comme *la plus puissante machine de guerre dont l'homme se soit servi.*

Mais ce fusil, tel qu'il était primitivement, avait encore de nombreux inconvénients : il était long à charger, peu juste, et son tir devenait impossible dans certaines circonstances.

Comment a-t-on remédié à ces inconvénients?

D'abord, pour le chargement, Gustave-Adolphe, comprenant à la fois la confiance plus grande que donne au soldat un chargement plus prompt et *la destruction plus grande qui résulte d'un tir plus rapide*, avait inventé la cartouche pour les mousquets; continuant la même idée pour le mousquet devenu fusil, Frédéric, ou quelqu'un des siens, — le nom est mis pour la date, — substitua les baguettes de fer *cylindriques* aux baguettes en bois. Pour amorcer plus vite, on fit une lumière *conique en forme d'entonnoir*, permettant à la poudre de passer du canon dans le bassinet. Ces deux derniers perfectionnements faisaient économiser deux temps : celui d'amorcer et celui de retourner la baguette. Mais l'adoption de l'arme se chargeant par la culasse devait porter la vitesse du tir à son maximum pratique.

Ces modifications successives de l'arme, ayant toutes pour but essentiel la rapidité du chargement et par suite du tir, correspondent aux périodes militaires les plus remarquables des temps modernes :

Cartouches : Gustave-Adolphe.

Baguette en fer : Frédéric.

Trou de lumière élargi (*par les soldats*, sinon par ordre supérieur) : guerres de la République et de l'Empire.

Chargement par la culasse : Sadowa.

La justesse du tir semble avoir moins préoccupé, pendant longtemps, que sa rapidité (par la suite, nous verrons pourquoi). C'est de nos jours seulement que l'application généralisée des rayures de l'arme et l'emploi des balles oblongues ont porté la justesse à un point qui ne peut guère être dépassé. — C'est de nos jours aussi que la découverte du fulminate a permis le tir par tous les temps.

Nous venons d'indiquer succinctement les perfectionnements successifs de l'arme à feu, depuis l'arquebuse jusqu'au fusil.

L'art de s'en servir a-t-il suivi la même progression de perfectionnement ?

III

Introduction progressive des armes à feu dans l'armement du fantassin.

La révolution, non dans l'art de la guerre, mais dans celui des combats, amenée par la poudre, ne s'est faite que lentement, peu à peu, au fur et à mesure du perfectionnement des armes à feu qui ne sont entrées que progressivement dans l'armement du fantassin.

Ainsi, sous François Ier, les fantassins porteurs d'armes à feu étaient dans la proportion de un à trois, ou de un à quatre, par rapport au reste des hommes de pied armés de piques.

Au temps des guerres de religion, les arquebusiers et les piquiers étaient en nombre à peu près égal.

Sous Louis XIII, en 1643, il y avait deux armes à feu pour une pique ; dans la guerre de 1688, il n'y avait plus qu'une pique par quatre mousquets ; enfin les piques disparurent.

Dans le principe, les hommes pourvus d'armes à feu étaient indépendants des autres combattants et agissaient comme les armés à la légère antiques.

Plus tard, on combina les piques et les mousquets dans les fractions constituées du corps d'armée.

Tantôt tous les piquiers étaient au centre de la ligne et les mousquetaires sur les ailes; c'était la formation la plus habituelle.

D'autres fois les piquiers restaient au centre de leurs compagnies respectives, les mousquetaires aux ailes des compagnies, et celles-ci se rangeaient l'une à côté de l'autre;

Ou bien, moitié des mousquetaires en avant des piquiers, et moitié derrière;

Ou encore, tous les mousquetaires derrière les piquiers, ceux-ci ayant le genou à terre. — Dans ces deux derniers cas, les feux partent de tout le front du bataillon.

Et enfin on rangeait alternativement un piquier et un mousquetaire, etc., etc.

Ces combinaisons différentes de piquiers et de mousquetaires se lisent dans les traités de tactique. Mais nous ne savons pas, par des exemples pris sur le fait, comment ces combinaisons se conservaient sur le champ d'action, ni même si toutes ont été employées.

IV

De quel genre de feu on essayait avec chacune des armes.

Quand, dans les commencements, un certain nombre de fantassins fut armé de la longue et lourde arquebuse primitive, la faiblesse de leur feu faisait dire à Montaigne, bien certainement d'après les militaires d'alors : « Les armes à feu sont de si peu d'effet, sauf l'étonnement d'oreilles, qu'on en quittera l'usage. » — Il faut des recherches pour en trouver mention dans les batailles de cette époque.

Cependant nous rencontrons un précieux renseignement dans Brantôme ; écoutons-le parler de la bataille de Pavie :

« Le marquis de Pescaire gagna la bataille de Pavie avec ses arquebusiers espagnols, *contre tout ordre de guerre et ordonnance de bataille*, mais par une vraye confusion et grand désordre. C'est à sçavoir que 1500 arquebusiers des plus adroits, des plus pratiquez, rusez et surtout des mieux enjambez et des plus dispos, furent débandez par le commandement du marquis de Pescaire, lesquels, enseignez par de nouveaux préceptes du marquis, pratiquez aussi par une longue expérience, sans aucun ordre, s'étendaient par escadres par tout le camp, donnant des tours, faisant des voltes de çà et là, d'une part et d'autre, avec une grande vitesse, et ainsi ils trompoient la furie de ses chevaux ; de façon que par cette nouvelle mode de combattre non jamais aise et fort émerveillable, et cruelle pourtant et misérable, ces arquebusiers empêchaient avec grand avantage la vertu de la cavalerie française, qui se perdit du tout ; car les hommes joints ensemble et faisant un gros étoient portez par terre par si peu d'excellents et braves arquebusiers. Cette confuse et nouvelle forme de combat se peut mieux imaginer et représenter que décrire, et qui se l'imaginera bien la trouvera belle et utile ; mais il faut que ce soit de bons arquebuziers et triez sur le vollet (comme on dit), et surtout bien conduits. »

Il faut tenir compte, dans le passage qui précède, de la différence très grande qui toujours existe entre le récit (fait souvent par gens qui n'y étaient pas, et Dieu sait quelquefois sur quels renseignements), entre le récit, disons-nous, et la réalité. Mais néanmoins on peut voir dans ces lignes de Brantôme un premier exemple de l'emploi le plus destructeur du fusil, de son emploi en tirailleurs.

Pendant les guerres de religion, qui consistèrent en escarmouches, en prises et en reprises de postes, le feu des arquebusiers s'exécutait sans ordre et sans ensemble, comme précédemment.

Le soldat portait les charges de poudre dans de petites boîtes de fer-banc suspendues à une bandoulière. Une poudre plus fine pour amorcer était renfermée dans une poire à poudre ; les balles étaient placées dans un sac. Au moment du combat, le soldat en remplissait sa bouche, et c'est ainsi qu'il devait combattre avec une arquebuse à mèche.

Nous étions encore loin des feux à commandement.

Ils ne tardèrent pourtant pas à paraître. Gustave-Adolphe fut le premier qui chercha à introduire de la méthode et de l'ensemble dans les feux de l'infanterie. Des esprits avides d'innovations le suivirent dans cette voie, et l'on eut successivement : le feu de rang, celui de deux rangs, le feu de subdivision, section, peloton, division, bataillon, etc., le feu de file, le feu en avançant, le feu en arrière, le feu de chaussée, le feu de parapet, le feu de billebande, et un si grand nombre d'autres, qu'on peut presque assurer que toutes les combinaisons sont épuisées depuis cette époque.

Le feu de rang fut sans doute le premier de ces feux; nous allons l'indiquer, il nous donnera la clef de tous les autres.

L'infanterie était alors rangée sur 6 de hauteur. Pour faire le feu de rang, on faisait mettre genou à terre à tous les rangs, excepté au dernier. Ce dernier rang commençait par faire feu et rechargeait son arme. Aussitôt qu'il avait tiré, celui qui le précédait immédiatement se levait et faisait face à son tour ; ainsi de suite jusqu'au premier, pour recommencer de nouveau par le dernier.

Ainsi les premiers feux d'ensemble étaient exécutés successivement et par rang.

Montecuculli dit : « Les mousquetaires se rangent

à 6 de hauteur, parce qu'ils peuvent se régler de manière que le dernier rang ait rechargé quand le premier aura tiré et qu'il recommence à tirer afin que l'ennemi ait un feu continuel à essuyer. »

Cependant, sous Condé et Turenne, nous voyons l'armée française faire exclusivement usage du feu de billebande ou à volonté.

Il est vrai qu'alors les feux n'étaient pour ainsi dire regardés que comme accessoire dans les batailles. L'infanterie de bataille ou de ligne, qui, depuis les Flamands, les Suisses, les Espagnols, avait vu son action devenir chaque jour plus prépondérante dans les affaires, était surtout appelée à agir pour la charge et la marche en avant, par conséquent était armée de piques.

Dans les batailles les plus célèbres de ce temps, Rocroi, Nordlingen, Lens, Rethel et les Dunes, nous la voyons opérer ainsi. Les armées des deux partis, en deux lignes bien alignées, commencent à se canonner, se chargent mutuellement avec leurs ailes de cavalerie, tandis que l'infanterie marche au centre. La plus brave, la mieux ordonnée, fait plier l'autre et souvent, à l'aide d'une des ailes victorieuses, finit par la rompre. On chercherait vainement à cette époque l'influence bien marquée du feu. La tradition de Pescaire s'était perdue.

Cependant les armes à feu se perfectionnent, elles

deviennent plus efficaces et tendent à supplanter la pique. La pique obligeait le soldat à rester dans le rang, à ne combattre que dans certains cas, et l'exposait à recevoir des blessures sans pouvoir rendre coup pour coup. Et, ceci est singulièrement instructif, le soldat eut dès lors une répulsion instinctive pour cette arme, qui le condamnait le plus souvent à un rôle passif. Cette répulsion ressort clairement de la haute paye et des privilèges qu'on fut obligé de donner aux piquiers. Mais, malgré haute paye et privilèges, à la première occasion le soldat abandonnait sa pique et prenait un mousquet.

Les piques disparaissant d'elles-mêmes peu à peu devant les armes à feu, les rangs s'amincissent pour faciliter l'usage de celles-ci; on se met sur quatre rangs, et on essaye des feux dans cet ordre, feux par rangs, par deux rangs, debout et à genou, etc.

Malgré ces essais, nous voyons l'armée française sur les champs de bataille, à Fontenoy notamment, se servir encore du feu de billebande, où le soldat tirait à volonté en sortant du rang pour décharger son arme et y rentrant pour la recharger.

On peut donc dire que, malgré de nombreux essais et tentatives, on ne voit employer en face de l'ennemi aucun feu à commandement, quand arrive Frédéric.

Déjà, sous Guillaume, l'infanterie prussienne était

recommandable par la vivacité et la continuité de son feu. Frédéric augmenta encore la facilité du tir de ses bataillons en diminuant leur profondeur. Ces feux, triplés par la vitesse de la charge, devinrent si nourris et si violents, qu'ils donnaient aux bataillons prussiens une supériorité de trois contre un.

Les Prussiens distinguaient alors leurs feux en trois espèces, savoir : de pied ferme, de charge, de retraite.

Nous connaissons le mécanisme des feux de pied ferme, dans lesquels le premier rang mettait genou en terre; quant aux feux en marchant, les voici décrits et jugés par Guibert : « Ce que j'appelle feux en marchant, et que tout homme qui voudra réfléchir trouvera inadmissible, comme moi, c'est le feu que j'ai vu pratiquer à quelques troupes; les soldats de deux rangs tirant sans cesser de marcher, mais marchant, comme on peut le croire, à pas de tortue : c'est celui que les troupes prussiennes appellent le feu de charge, et qui consiste en des décharges combinées et alternatives de pelotons, de divisions, de demi-bataillons ou de bataillons, les parties de la ligne qui ont tiré marchant au pas doublé, et celles qui n'ont pas tiré, au petit pas. »

Dans ces différents feux, comme nous l'avons dit, le bataillon prussien était sur trois rangs; le premier mettait le genou en terre; la ligne ne donnait que des feux de commandement, feux de salve.

Cependant la possibilité d'exécuter régulièrement des feux de salve sur trois rangs ne survécut pas aux vieux soldats de Frédéric. Nous verrons même tout à l'heure jusqu'à quel point ils les exécutaient sur le champ de bataille.

Quoi qu'il en fût, l'Europe s'était enjouée de ces feux et avait voulu adopter cette méthode. D'Argenson les fit prévaloir dans l'armée française et y introduisit les feux à commandement. Deux ordonnances avaient paru les prescrivant, en 1753 et 1755. Mais, dans la guerre qui survint, le maréchal de Broglie, qui, sans doute, avait d'expérience et de sens pratique autant que M. d'Argenson, prescrivit le feu à volonté. Toute l'infanterie de l'armée qu'il commandait y fut exercée pendant le quartier d'hiver de 1761 à 1762.

Deux nouvelles ordonnances succédèrent aux précédentes, en 1764 et 1776. La dernière prescrivait le feu de trois rangs à commandement, tous les rangs restant debout [1].

On arriva ainsi aux guerres de la Révolution avec des feux à commandement dans l'ordonnance, feux qu'on n'exécutait pas sur le champ de bataille.

A partir des guerres de la Révolution, nos armées ont toujours fait la guerre de tirailleurs. Dans les

---

[1]. Le danger qui résultait de ce feu avait fait proposer de mettre les plus petits hommes au premier rang et les plus grands au troisième.

relations de nos campagnes, on ne parle pas de feux
à commandement. Il en fut de même sous l'Empire,
malgré des essais nombreux au camp de Boulogne et
ailleurs. C'est au camp de Boulogne que les feux à
commandement par rang furent essayés pour la première fois, par ordre de Napoléon. Ces feux, que l'on
devait employer plus particulièrement contre la cavalerie, car la théorie en est superbe, ne paraissent pas
avoir été employés. Napoléon lui-même le dit, et nos
ordonnances de 1832, dans lesquelles il devait bien se
trouver quelques traditions des hommes de l'Empire,
commandent le feu de deux rangs ou à volonté, par
les carrés, à l'exclusion de tout autre.

D'après nos auteurs militaires, au dire de nos vieux
officiers, les feux à commandement ne convenaient
pas à notre infanterie, et cependant on les conserva dans l'ordonnance. Le général Fririon (1822),
Gouvion Saint-Cyr (1829), firent une violente censure
de ces feux; rien n'y fit; on les conserva dans
l'ordonnance de 1832, mais sans les prescrire pour
aucune circonstance déterminée. Ils y paraissent,
semble-t-il, comme pour conserver aux troupes certain prestige de parade, pas autre chose.

A la création des chasseurs d'Orléans, on ressus-
cita les feux par rang. Mais, soit dans nos guerres
d'Afrique, soit dans nos deux dernières guerres de
Crimée et d'Italie, nous ne croyons pas qu'on puisse

trouver un seul exemple de feu à commandement. Dans la pratique, on les croyait impossibles, impraticables; on les savait tout à fait inefficaces, et ils étaient tombés en grand discrédit.

Mais voici qu'aujourd'hui, avec le fusil à chargement rapide, on recommence à les croire praticables et on les reprend avec une nouvelle ardeur. Ont-ils plus de raison d'être que par le passé? — Nous allons voir.

V

Des feux qui s'exécutaient en présence de l'ennemi, et des feux qui étaient impraticables, bien que recommandés ou ordonnés. Emploi et efficacité des feux à commandement.

Il paraît incontestable qu'aux manœuvres de Potsdam l'infanterie prussienne n'employait que des feux de salve, et ces feux étaient même exécutés avec une précision admirable. Une discipline dont nous ne pouvons nous faire une idée maintenait le soldat dans la file et dans le rang. Des peines d'une sévérité presque barbare furent introduites dans le code militaire; tandis que le bâton, les coups, les bourrades sévissaient contre les moindres fautes, les sous-officiers eux-mêmes étaient assujettis aux coups de plat d'épée. Et cependant tout cela était insuffisant sur le champ de bataille : il fallait encore un rang entier de sous-officiers en serre-file pour maintenir les hommes dans leur devoir.

« On voyait ces serre-files, dit M. Carion-Nisas, se joindre par leurs hallebardes à crochet et former ainsi une ligne continue que personne ne pouvait franchir. » Malgré tout cela, après deux ou trois décharges (dit le général Renard, et nous le croyons bien généreux), il n'y avait pas d'effort de discipline qui pût empêcher le feu régulier de dégénérer en feu à volonté.

Mais voyons de plus près les batailles de Frédéric ; prenons celle, par exemple, dont le succès fut attribué plus spécialement à l'efficacité des feux à commandement : la bataille de Mollwitz, déjà à moitié perdue, et heureusement gagnée grâce aux feux de salve des Prussiens.

Les historiens nous disent :

« L'infanterie autrichienne avait ouvert son feu contre les lignes prussiennes, dont la cavalerie avait été dispersée ; il suffisait de les ébranler pour que la victoire fût couronnée. Les Autrichiens se servaient encore de baguettes en bois, leurs coups se succédaient lentement, tandis que les décharges prussiennes roulaient comme le tonnerre, à raison de cinq à six par minute. Les Impériaux, surpris, déconcertés, par ce feu d'ensemble, voulurent se hâter ; mais ils brisèrent en partie, dans leur précipitation, leurs baguettes fragiles. La confusion ne tarda pas à se mettre dans leurs rangs, et la bataille fut perdue. »

Mais, si nous étudions attentivement les relations authentiques de l'époque, nous ne voyons pas les choses se passer d'une façon si régulière.

La fusillade s'engagea, y est-il dit; elle fut longue et meurtrière. Les baguettes de fer des Prussiens leur donnèrent l'avantage sur les autres, qui n'en avaient que de bois, plus difficiles à manier et exposées à se briser aisément. Cependant, lorsque l'ordre de marcher en avant fut donné aux Prussiens, des bataillons entiers restèrent immobiles ; il fut impossible de les ébranler. Les soldats cherchaient à se soustraire au feu et se groupaient les uns derrière les autres, de sorte qu'on les vit sur une profondeur de 3 à 40.

Ainsi donc, les vieux soldats de Frédéric, malgré leur discipline et leur instruction, sont impuissants à mettre en pratique la méthode enseignée et ordonnée : ils n'ont pas mieux exécuté les feux à commandement que la marche en bataille en avant des camps de Potsdam. Ils ont fait le feu à volonté. Ils ont tiré vite par l'instinct d'envoyer deux coups pour un, plus fort que leur discipline. Leur feu devait être en effet un tonnerre roulant, non de salve, mais de tir rapide à volonté. Qui tire le plus touche le plus, se figure le soldat et croyait aussi Frédéric, car, s'il a facilité le tir dès cette même bataille de Mollwitz, il double ensuite le nombre des cartouches données au soldat : 60 au lieu de 30 qu'il avait auparavant.

Du reste, si les feux à commandement avaient été possibles, sait-on ce qu'ils auraient produit? Si les soldats de Frédéric en avaient été capables, ils auraient fauché les bataillons comme on fauche les épis. Laisser tranquillement venir à portée, ajuster tous ensemble afin que nul ne dérange ou gêne l'autre, que chacun y voie clair; puis, à un signal net, tous ensemble faire feu. Qui aurait pu tenir contre de pareilles gens? Dès les premières décharges, l'ennemi aurait été rompu et obligé de lâcher pied, sous peine d'être couché par terre jusqu'au dernier. Et cependant, si nous considérons le résultat final dans cette même bataille de Mollwitz, nous voyons que le nombre des tués est à peu près le même du côté où l'on fait des feux à commandement que du côté où l'on n'en fait pas : Prussiens, 960 tués; Autrichiens, 966.

Mais, nous dira-t-on, si ces feux n'étaient pas plus efficaces, c'est qu'on ne savait pas ajuster en ce temps. Que si fait! Pas si finement, c'est possible; mais il y avait des exercices de tir ; on savait viser. Le viser est vieux. On le savait, nous ne disons pas qu'on le fît, mais on le savait, sinon on ne l'aurait pas rappelé si souvent, témoin le dire fréquent de

Cromwell : « Mettez votre confiance en Dieu, enfants, et tirez aux cordons de souliers. »

Ajustera-t-on davantage aujourd'hui? Il est permis d'en douter. Si les soldats de Cromwell, les soldats de Frédéric, les soldats de la République et de Napoléon, qui nous valaient bien, ne pouvaient ajuster, comment prétendrions-nous le faire?

Ainsi ces feux, qui n'étaient guère possibles que dans des circonstances rares et pour commencer l'action, étaient tout à fait inefficaces.

Des esprits hardis, voyant leur peu d'effet à bonne portée de combat, conseillèrent de ne les exécuter que de très près, d'attendre l'ennemi à vingt pas et de le renverser d'une seule décharge. Il ne s'agissait pas ici de viser plus ou moins finement, à vingt pas!..... Qu'arriva-t-il?

« A la bataille de Castiglione, dit le maréchal de Saxe, les Impériaux laissent approcher les Français à vingt pas, espérant les détruire par une décharge générale. A cette distance, ils *tirent bien de sang-froid* et avec toutes les précautions que l'on peut prendre; mais ils sont rompus avant que la fumée soit dissipée. A la bataille de Belgrade (1717), j'ai vu deux bataillons qui, à trente pas de distance, couchent en joue et font feu sur un gros de Turcs, qui les taille en pièces; il ne se sauva que deux ou trois soldats. Les Turcs n'eurent dans cette affaire que 32 tués »

Quoi qu'en dise le maréchal de Saxe, nous doutons que ces hommes fussent bien de sang-froid; car des hommes qui pourraient le conserver à une distance si rapprochée de l'ennemi, avec l'arme la plus imparfaite du monde, tirant dans des masses, renverseraient très certainement tout le premier rang et causeraient un tel désordre dans les autres qu'ils ne pourraient pas être enfoncés si facilement que nous le voyons.

Voilà donc comment se passèrent les choses avant l'emploi des tirailleurs. On a tenté des feux de salve; dans l'action, ils devenaient immédiatement feux à volonté; exécutés contre une troupe marchant sans tirer, ils étaient inefficaces, car ils n'arrêtaient pas l'élan de l'assaillant, et la troupe qui avait compté sur cela, trompée dans sa confiance, était démoralisée et fuyait. Mais, sitôt qu'on se servit de tirailleurs, la chose devint de toute impossibilité, et les armées qui conservèrent confiance dans l'ancienne tactique ordonnée s'en aperçurent à leurs dépens.

Dans les premiers temps de la Révolution, nos troupes, non exercées et tenues par une discipline moins sévère, ne peuvent plus combattre en ligne. Fallait-il aller à l'ennemi, une partie du bataillon était détachée en tirailleurs; le reste marchait en bataille, s'ébranlait ensuite à la course sans garder les rangs. — Le combat traînait-il, il était soutenu par ces bandes combattant sans ordre. — L'art était de soutenir par des réserves les troupes lancées en tirailleurs. Toujours les tirailleurs engageaient l'action, quand ils ne la soutenaient pas tout le temps du combat.

A des tirailleurs opposer des feux de rang, jeu de dupes.

Il faut opposer tirailleurs à tirailleurs. Une fois lancé dans cette voie, on soutient, on renforce ses tirailleurs par des troupes en ordonnance; mais, au milieu de la tiraillerie générale, les feux à commandement, impossibles, sont remplacés par le feu à volonté.

Dumouriez lança, à la bataille de Jemmapes, des bataillons tout entiers en tirailleurs, et, les soutenant par de la cavalerie légère, il leur fit faire merveille; ils entourèrent les redoutes des Autrichiens et firent pleuvoir sur leurs canonniers une grêle de balles si violente, qu'ils les forcèrent d'abandonner leurs pièces.

Les Autrichiens, étourdis de ce nouveau genre de combat, renforçaient en vain leurs troupes légères par des détachements de leur grosse infanterie; leurs tirailleurs ne pouvaient résister au nombre et à l'impétuosité des nôtres, et bientôt leur ligne, environnée d'une grêle de balles, était forcée de rétrograder. Les clameurs, les coups de fusil redoublaient, et le corps dérouté, n'entendant plus aucun commandement, posait les armes ou s'enfuyait à vau-de-route.

Ainsi un feu de ligne, quelque violent qu'il soit, n'est point capable de contre-balancer l'effet de nombreux essaims de tirailleurs. Cette masse de balles, lancées au hasard, est impuissante contre des hommes isolés, profitant, pour se dérober au feu de leurs adversaires, des moindres plis de terrain, tandis que les bataillons déployés offrent à leurs coups un but large et relativement inoffensif. La ligne serrée, en apparence si forte, s'écroule sous l'effet meurtrier d'un feu isolé, en apparence si faible. (Général Renard.)

Les Prussiens en firent aussi l'expérience à Iéna. On vit même leurs lignes essayer des feux à commandement sur nos tirailleurs ; mais autant tirer sur une poignée de puces.

On nous parlera des feux de salve des Anglais à la bataille de Sainte-Euphémie, en Calabre, et plus tard en Espagne. Mais ces feux ont été possibles aux Anglais dans ces quelques cas particuliers, précisément par la raison que nos troupes les chargeaient dès le début et sans se faire précéder de tirailleurs.

La bataille de Sainte-Euphémie ne dura pas une demi-heure ; ce fut une affaire mal conçue et mal exécutée. « Et si, dit le général Duhesme, les bataillons chargeant eussent été précédés par des essaims de tirailleurs qui auraient déjà commencé par éclaircir les rangs ennemis; qu'en approchant, les têtes de colonnes se fussent lancées à la course, la ligne anglaise n'aurait pas conservé ce beau sang-froid qui la fit tirer si juste et avec autant de précision. Et certes elle n'eût pas attendu si longtemps pour démasquer son feu, si auparavant elle eût été vigoureusement harcelée par nos tirailleurs. »

Un auteur anglais, faisant l'historique des armes, en arrive à parler du *feu roulant* et bien dirigé des troupes britanniques. Il dit *feu roulant;* pas un mot de salve ou quelque chose d'approchant. Nous pouvons donc conclure que l'invention est de nous, qui, dans des relations, avons pris feu de bataillon, c'est-à-dire par un bataillon, pour le feu de bataillon à commandement, de nos ordonnances.

Du reste, ceci ressort encore plus clairement de l'ouvrage sur l'infanterie du marquis de Chambray, qui connaissait bien l'armée anglaise. Il dit que les Anglais, en Espagne, se servaient presque partout du feu de deux rangs. Ils employaient le feu de bataillon seulement lorsqu'ils étaient chargés par nos troupes sans tirailleurs, et eux-mêmes en en voyaient sur les flancs de nos colonnes. Et il dit expressément : « Les manœuvres qui ne s'exécutent que sur le champ d'exercice sont les feux de bataillon, de demi-bataillon et de peloton ; celles dont l'usage est le plus fréquent à la guerre sont les feux de deux rangs, puisque ce sont les seuls qu'emploie l'infanterie française. » — Plus loin il ajoute : « L'expérience a prouvé que le feu de deux rangs est le seul dont on fasse usage devant l'ennemi. » Et bien avant lui, le maréchal de Saxe s'écriait : « Évitez les mouvements qui sont dangereux, comme de faire tirer par pelotons, ce qui a souvent causé des défaites honteuses. » Et cela est aussi vrai de nos jours que du temps de ceux qui l'ont écrit.

Les feux à commandement, soit de peloton, soit de bataillon, etc., supposent que l'ennemi, ayant repoussé les tirailleurs et étant arrivé à bonne portée, s'avance pour charger, ou qu'il a commencé lui-même un feu meurtrier. Dans ce dernier cas, on se fusillera réciproquement, et cela peut durer plus ou moins, jusqu'à ce que l'un des deux partis cède ou charge. Si l'ennemi charge, qu'arrivera-t-il ? Il s'avance précédé de nombreux tirailleurs qui font pleuvoir sur vous une grêle de balles. Vous voulez commencer vos feux, mais les voix de vos officiers se confondent; le bruit de l'artillerie, celui de la mousqueterie même, l'émotion du combat, augmentée par les cris des blessés, ôtent au soldat toute attention. Vous n'avez pas achevé votre commandement d'avertissement que toute la ligne est allumée; alors allez arrêter vos soldats! tant qu'ils auront une cartouche, ils tireront. L'ennemi rencontrera un pli de terrain qui l'abritera; il adoptera, au lieu de l'ordre déployé qu'il avait, l'ordre en colonne avec de larges et nombreux intervalles; il changera les dispositions d'attaque; le soldat tirera toujours, et les officiers, qui sont derrière leurs troupes, qui, ainsi que la fumée, leur dérobent la vue des incidents survenus, ne pourront nullement y parer.

Tout cela a déjà été dit, on en était bien pénétré, et l'on avait laissé les feux à commandement; pourquoi les reprend-on aujourd'hui? Ils nous viennent probablement encore des Prussiens. En effet, les récits de leur dernière campagne (1866) faits par l'état-major en parlent comme ayant été employés très efficacement, et ils citent de nombreux exemples.

Mais un officier prussien qui a fait la campagne dans les rangs, qui a vu les choses de près, nous dit ceci : « En examinant les combats de l'année 1866 pour en tirer un caractère commun, on est frappé d'une apparition qui se représente dans tous : c'est un développement extraordinaire du front, aux dépens de la profondeur. Ou bien le front s'est fondu en une seule ligne longue et mince, ou bien il s'est fractionné en portions isolées qui se battent chacune pour sa part. Partout se manifeste la tendance d'étendre les ailes pour envelopper l'ennemi. Il n'est plus question de la conservation de l'ordre de bataille primitif; les différentes fractions s'entremêlent d'elles-mêmes, ou sont entremêlées souvent par le combat, souvent même avant que le combat ait commencé. Les détachements et grandes divisions des corps d'armée sont composés de la manière la plus diverse et d'après les principes les plus hétérogènes. Le combat est soutenu presque exclusivement par des colonnes de compagnies, rarement par des demi-bataillons. La tactique de ces colonnes de compagnies consiste à jeter en avant de forts essaims de tirailleurs; peu à peu les soutiens eux-mêmes se laissent entraîner et se déploient; voilà donc toute la première ligne éparpillée et présentant l'image d'une horde de cavalerie irrégulière. La seconde ligne, qui était restée d'abord en ordre serré, cherche à arriver à son tour, et aussi promptement que possible, à hauteur de la première, d'abord pour prendre part au combat, puis parce qu'un nombre considérable de boulets et d'obus, qui étaient destinés à celle-ci, passent au-dessus de sa tête et viennent l'atteindre elle-même; elle en souffre d'autant plus qu'elle est compacte, et le supporte avec d'autant plus d'impatience qu'elle n'a pas la fiévreuse activité du combat qui fait oublier le danger. La masse des compagnies de la seconde ligne force donc d'elle-même son entrée dans la première, et, comme c'est d'habitude du côté des ailes que se trouve le plus de place libre, c'est là que la plupart vont se rattacher. Très souvent, la réserve elle-même finit par participer à l'entraînement; bientôt il n'en reste plus, ou ce qui reste est trop faible pour remplir le but d'une réserve. En réalité, tout le combat des deux premières lignes n'est plus que la série de combats qu'un certain nombre de commandants de compagnie soutiennent contre l'ennemi qu'ils ont en face. Les officiers supérieurs ne peuvent plus suivre à cheval toutes ces divisions, qui se poussent en avant, passant sur tous les accidents de terrain. Ils sont obligés de descendre et de suivre à pied la première compagnie venue de leur régiment ou de leur bataillon, faute de pouvoir commander l'ensemble de leur troupe, et, pour faire néanmoins quelque chose, ils commandent celle-là; elle n'en est pas mieux commandée pour cela. Les généraux eux-mêmes en sont souvent réduits là! »

Voilà certes ce que nous comprenons mieux, et les choses ont certainement dû se passer ainsi.

Quant aux exemples qu'on nous cite dans les récits de l'état-major, il est à remarquer qu'ils ne sont fournis que par des compagnies, des demi-bataillons au plus, et, si on les cite avec tant de complaisance, c'est qu'ils ont dû être rares, et l'exception ne saurait être donnée comme règle.

VI

Des feux à volonté. — Leur efficacité.

Ainsi les feux à commandement, pas plus autrefois qu'aujourd'hui, n'ont été praticables et, par conséquent, pratiqués à la guerre. Les seuls employés ont été les feux à volonté et les feux de tirailleurs. — Voyons l'efficacité de ces feux.

Des hommes très compétents ont fait des travaux de statistique sur ce point.

Guibert pensait qu'on ne tuait ou blessait, avec un million de cartouches, qu'à peu près 2000 hommes dans un combat.

Gassendi nous assure que, sur 3000 coups, un seul frappait.

Piobert dit qu'on a estimé, d'après le résultat de longues guerres, qu'on avait brûlé de 3000 à 10 000 cartouches par homme tué ou blessé.

Aujourd'hui, avec les armes de justesse et à longue portée, les choses ont-elles sensiblement changé ? Nous ne le pensons pas. Il faudrait comparer le chiffre des balles tirées avec le chiffre des hommes mis par terre, déduction faite de l'action de l'artillerie, ce qui ne peut guère se faire.

Un auteur allemand soutient l'opinion que, dans le tir de guerre avec le fusil à aiguille prussien, le rapport entre les coups tirés et touchés est de 60 pour 100 ; mais alors comment expliquer la déception de M. Dreyse, l'heureux inventeur du fusil à aiguille, lorsqu'il compara les pertes des Prussiens et des Autrichiens ; ce bon vieillard éprouva, paraît-il, un douloureux étonnement en voyant que son fusil n'avait pas fourni les résultats qu'il en attendait.

Le feu à volonté, comme nous le démontrerons tout à l'heure, est un feu pour occuper le rang et les hommes, mais son efficacité n'est pas grande. Nous en pourrions donner des milliers d'exemples, nous n'en citerons qu'un, mais il est concluant.

« N'a-t-on pas remarqué, dit le général Duhesme, que, devant une ligne qui fait feu, il s'élève un rideau de fumée qui, de part et d'autre, dérobe la vue des troupes et rend les feux des lignes les plus étendues incertains et presque sans effet ? Je l'ai éprouvé d'une manière bien particulière à la bataille de Caldiero, dans une des charges successives qui eurent lieu à mon aile gauche. Je vis quelques bataillons que j'avais fait rallier, arrêtés et engagés dans un feu de file qu'ils ne pouvaient pas soutenir longtemps. Je m'y portai ; je ne voyais pas la ligne ennemie ; je n'apercevais, à travers un nuage de fumée, que des éclairs de feu, des pointes de baïonnettes et le haut de quelques bonnets de grenadiers. Nous n'en étions pas loin cependant, peut-être à *soixante pas* : un ravin nous séparait, mais on ne pouvait pas le voir. J'allai jusque dans nos rangs (qui n'étaient ni serrés ni alignés), relever avec la main les fusils des soldats, pour les engager à cesser le feu et à se porter en avant. J'étais à cheval, suivi d'une douzaine d'ordonnances ; aucun de nous ne fut blessé, je ne vis non plus tomber personne dans l'infanterie. Eh bien ! à peine nos gens se furent-ils ébranlés que sans faire attention à l'obstacle qui nous séparait d'elle, la ligne autrichienne se mit en retraite. »

Il est probable que si les Autrichiens s'étaient ébranlés les premiers, les Français auraient cédé, et pourtant c'étaient les vieux soldats de l'Empire, qui certes valaient bien les nôtres, qui donnaient l'exemple de si peu de sang-froid.

Dans le rang, avec le feu à volonté, le seul possible pour nos hommes et nos officiers, avec l'émotion, la fumée, la gêne, on serait bien heureux d'obtenir, non pas un tir ajusté, mais un tir horizontal.

Dans le feu à volonté, sans tenir compte du frémissement, les hommes se gênent mutuellement. Celui qui charge, celui qui cède au recul de son arme, dérange le coup de celui qui est en joue.

Avec le chargement complet du sac, le deuxième rang n'a plus de créneau : il tire en l'air. Sur le champ de tir, en espaçant les hommes au delà des limites de l'ordonnance, en tirant *avec une lenteur extrême*, on obtient de ceux des hommes qui ont du sang-froid et que n'émotionnent pas trop *les coups de feu dans les oreilles, qu'ils laissent passer la fumée*, saisissent l'instant du créneau à peu près libre, qu'ils tâchent, en un mot, de ne pas perdre leurs coups ; et les résultats comme pour cent offrent beaucoup plus de régularité que ceux des feux à commandement.

Mais devant l'ennemi le feu à volonté devient en un clin d'œil tirerie au hasard; chacun tire le plus possible, c'est-à-dire le plus mal possible. De cela, voici les raisons physiques et morales :

Même de près, dans l'action, le canon peut se bien tirer. Au pointeur abrité en partie par sa pièce, il suffit d'un instant de sang-froid pour pointer droit ; que son pouls batte plus ou moins vite, avec de la volonté, il ne dirige pas moins bien sa ligne de mire; l'œil tremble peu, et la pièce pointée reste immobile jusqu'au moment du tir.

Le tireur, comme l'artilleur, conserve, avec de la volonté, la faculté d'ajuster ; mais l'agitation du sang, du système nerveux, s'oppose à l'immobilité de l'arme entre ses mains; l'arme fût-elle appuyée, une partie de l'arme participe toujours à l'agitation de l'homme. Celui-ci a de plus une hâte instinctive de lâcher son coup, *qui peut arrêter avant son départ la balle à lui destinée*. Et, pour peu que le feu soit vif, cette sorte de raisonnement vague, bien que non formulé dans l'esprit du soldat, commande avec toute la force, tout l'empire de l'instinct de la conservation, même aux plus braves et aux plus solides, qui alors tirent au juger ; et le plus grand nombre tirent *sans appuyer l'arme à l'épaule.*

La théorie du champ de tir, d'attendre que, sous la pression progressive du doigt, le coup surprenne le tireur, combien la pratiquent sous le feu ?

Cependant la tendance en France est en ce moment de n'aspirer qu'à la précision. A quoi servira-t-elle quand la fumée, le brouillard, l'obscurité, la grande distance, l'émotion, le manque de sang-froid, empêcheront de bien viser ?

On est assez mal venu de dire, après les prouesses de tir de Sébastopol, d'Italie, que les armes de précision jusqu'à présent ne nous ont rendu guère plus de services qu'un simple fusil. Pour qui a vu cependant, le fait est vrai. Mais... voici comme on écrit l'histoire : les Russes ont été battus à Inkermann, a-t-on écrit, par la longue portée, la justesse des armes de précision des troupes françaises. — Or on s'est battu dans des maquis, des taillis, par un brouillard épais, et, quand le temps s'est éclairci, nos soldats, nos chasseurs, à bout de munitions, puisèrent dans les gibernes russes, amplement pourvues de cartouches à balles rondes et de petit calibre. — Dans ces deux cas, il ne pouvait y avoir aucune justesse de tir. Le fait est que les Russes ont été battus par la supériorité d'ascendant moral, et que le tir sans viser, au hasard, là comme ailleurs et plus peut-être qu'ailleurs, a eu une seule action matérielle.

Lorsqu'on tire et qu'on ne peut tirer qu'au hasard, qui tire le plus touche le plus, ou, si l'on aime mieux, qui tire moins se figure être touché plus.

Frédéric était bien pénétré de cela, car il ne croyait pas aux manœuvres de Potsdam. Le rusé Fritz regardait le feu comme un moyen d'étourdir et d'occuper des soldats de mauvaise volonté ; et c'était une grande preuve d'habileté de sa part de pratiquer ce qui eût été une faute de la part de tout autre général d'armée. Il savait très bien à quoi s'en tenir sur l'efficacité de son feu ; il savait combien de mille cartouches il fallait pour tuer ou blesser un ennemi. Aussi, dans le principe, ses soldats n'avaient que 30 cartouches ; il leur en donne 60 à partir de Mollwitz, trouvant le premier nombre insuffisant.

Aujourd'hui comme sous Frédéric, c'est le tir rapide, le tir au hasard, le seul praticable, qui a fait la fortune des Prussiens. — Cette tradition du tir rapide s'était perdue après Frédéric, mais les Prussiens l'ont retrouvée aujourd'hui par un sens pratique presque naïf. Et pourtant nos vieux soldats de l'Empire l'avaient conservée cette tradition, car elle est d'instinct. — Ils élargissaient leurs lumières, se moquant du crachement, afin de supprimer le mouvement d'ouvrir le bassinet et d'amorcer. — La balle ayant beaucoup de vent, la cartouche déchirée et mise dans le canon, avec un coup de crosse à terre, ils avaient leurs armes chargées et amorcées.

Mais, aujourd'hui comme alors, en dépit de l'adresse acquise au tir individuel, les hommes cesseront de viser et tireront mal dès qu'on les groupera en pelotons pour les faire tirer.

Les officiers prussiens, qui sont des gens pratiques, savaient que, dans la chaleur de l'action, le règlement des hausses est impraticable et que, d'ailleurs, dans les feux d'ensemble, les troupes ont une tendance instinctive à viser à guidon plein; aussi, dans la guerre de 1866, avaient-ils ordonné à leurs hommes de tirer très bas, presque sans viser, pour bénéficier ainsi des ricochets.

VII

Le tir de rang est un feu pour occuper le rang et les hommes.

Mais si les feux à volonté ne sont pas plus efficaces, quel est donc leur but? — Comme nous l'avons déjà dit, leur but est d'occuper le rang et les hommes.

Dans un tir ordinaire, l'action seule de respirer, par le mouvement qu'elle communique à la poitrine, gêne beaucoup les tireurs ; comment pourrait-on admettre que sur un champ de bataille, dans le rang, ils soient susceptibles de tirer, même médiocrement, lorsqu'ils tirent seulement pour s'étourdir et oublier le danger ?

Napoléon disait : « L'instinct de tout homme est de ne pas se laisser tuer sans se défendre. » Et, en effet, l'homme dans le combat est un être chez lequel l'instinct de la conservation domine à certain moment tous les sentiments. La discipline a pour but de dominer, elle, cet instinct par une terreur plus grande, celle de la honte ou des châtiments ; mais elle ne peut y arriver d'une manière absolue : elle n'y arrive que jusqu'à un certain point qui ne peut être dépassé. Ce point atteint, il faut que le soldat tire, ou bien il se sauve, *soit en avant, soit en arrière*. Le feu est donc, pour ainsi dire, la soupape de sûreté de l'émotion.

Dans les affaires sérieuses, il est donc difficile, sinon impossible, d'être maître du feu. En voici un exemple donné par le maréchal de Saxe :

« Charles XII, roi de Suède, voulut introduire dans son infanterie la méthode de charger à l'arme blanche ; il en avait parlé plusieurs fois, et l'on savait dans l'armée que c'était son idée. Enfin, à la bataille de...., contre les Moscovites, au moment que l'affaire allait commencer, il s'en alla à son régiment d'infanterie, lui fit une belle harangue, mit pied à terre devant les drapeaux, et mena lui-même son régiment à la charge; lorsqu'il vint à trente pas de l'ennemi, tout son régiment tira, malgré ses ordres et sa présence. — D'ailleurs il fit parfaitement bien, et enfonça l'ennemi. Le roi en fut si piqué, qu'il ne fit que passer à travers les rangs, remonta à cheval, et alla ailleurs sans dire un seul mot. »

Ainsi, si l'on ne fait pas tirer le soldat, il tirera de lui-même pour se distraire et oublier le danger. Les feux des Prussiens de Frédéric n'avaient pas d'autre but; le maréchal de Saxe l'avait bien deviné : « La vitesse avec laquelle les Prussiens chargent leurs fusils, nous dit-il, est avantageuse en ce qu'elle occupe le soldat et l'empêche à la réflexion, lorsqu'il est en présence de l'ennemi. C'est une erreur de croire que les cinq dernières victoires qu'a remportées cette nation pendant leur dernière guerre sont dues à leur tirerie, puisqu'on a remarqué que, dans la plupart de ces actions, il y a eu plus de Prussiens tués par le feu de leurs ennemis que ceux-ci par le feu des Prussiens. »

Il est triste de penser que le soldat en ligne n'est qu'une machine à tirer; et pourtant tel a été et tel sera toujours le but d'une troupe de ligne : tirer le plus grand nombre de coups possible dans le plus petit espace de temps. — N'est pas toujours vainqueur qui tue le plus de monde ; la chance est pour celui qui saura davantage influer sur le moral de son adversaire.

On ne doit pas compter sur le sang-froid des hommes, et comme il faut, avant tout, sauvegarder le moral, on devra chercher surtout à les occuper et à les étourdir ; or on ne peut mieux y arriver que par de fréquentes décharges ; peu importe l'effet produit, et il serait parfaitement absurde, impossible du reste, d'exiger d'eux assez de calme pour ne tirer que fort rarement, bien régler leur hausse et surtout viser attentivement.

VIII

Le feu meurtrier est le feu de tirailleurs.

Dans les feux d'ensemble, les feux où les tireurs se trouvent groupés en pelotons ou bataillons, toutes les armes ont la même valeur, et, s'il est reconnu aujourd'hui que le feu doive décider les actions de guerre, il faudra adopter le genre de combat qui donne à l'arme sa plus grande efficacité, le combat de tirailleurs.

C'est ce genre de feu en effet qui est le plus meurtrier à la guerre ; nous pourrions en donner de nombreux exemples ; nous nous contenterons des deux suivants, que nous trouvons dans le général Duhesme :

« Un officier français, qui servait pendant l'avant-dernière guerre, chez les Autrichiens, dit le général Duhesme, m'a conté que, par les feux d'un bataillon français qui s'était avancé jusqu'à *cent pas* du sien, sa compagnie ne perdit que trois ou quatre hommes, tandis que, dans un même espace de temps, elle en eut plus de trente tués ou blessés par un groupe de tirailleurs qui étaient dans un petit bois, sur leur flanc, à plus de *trois cents pas*. »

« Au passage du Mincio, en 1801, le 2ᵉ bataillon de la 91ᵉ reçut un feu de bataillon du régiment de Bussi et ne perdit *qu'un* homme ; les tirailleurs de cette légion y tuèrent plus de trente hommes en quelques minutes, en soutenant la retraite de leur corps. »

Le feu de tirailleurs est donc bien en effet le plus meurtrier des feux qu'on puisse employer à la guerre, parce que le petit nombre d'hommes qui peuvent conserver le sang-froid d'ajuster ne sont pas gênés pour le faire en tirailleurs. Ils le feront d'autant mieux qu'ils seront mieux embusqués et auront été mieux exercés au tir.

Le perfectionnement du tir, ne faisant sentir ses avantages que dans le tir isolé, nous sommes autorisé à penser que les armes de justesse sont appelées à rendre plus fréquents et plus décisifs les combats de tirailleurs.

Du reste, l'expérience seule permet d'affirmer que le feu des tirailleurs s'impose à la guerre. Aujourd'hui, toute troupe sérieusement engagée devenant, en un clin d'œil, troupe de tirailleurs, le seul feu qui admet une certaine précision est celui des gens embusqués.

Cependant l'éducation militaire que nous avons reçue, l'influence du milieu dans lequel nous vivons, ettent un doute dans notre esprit relativement à cette manière de combattre en tirailleurs ; nous ne l'acceptons qu'à regret. Notre expérience personnelle étant incomplète, insuffisante, nous nous contentons de suppositions gratuites qui nous donnent une satisfaction relative, et la guerre de tirailleurs, quoique expérimentée, ne se subit que par entraînement, que parce que nous sommes toujours amenés et contraints par la force des choses à engager nos troupes peu à peu, malgré nous, souvent à notre insu. Mais, persuadons-nous-le bien, aujourd'hui, les engagements successifs s'imposent à la guerre.

Cependant ne nous faisons pas illusion sur l'efficacité des feux de tirailleurs. Malgré l'adoption des armes de précision et à longue portée, malgré toute l'éducation qu'on pourra donner au soldat, ces feux n'auront jamais qu'une efficacité relative qu'il ne faut pas s'exagérer.

Le feu de tirailleurs s'exécute généralement contre des tirailleurs. Une troupe, en effet, ne se laisse pas fusiller par des tirailleurs sans s'empresser de leur en opposer d'autres, et il faut renoncer à l'idée de voir des tirailleurs diriger leur tir sur une troupe protégée par des tirailleurs; c'est demander à des hommes tirant isolément, abandonnés presque à eux-mêmes, un désintéressement impossible, que de vouloir qu'ils ne ripostent pas aux coups dirigés contre eux par des tirailleurs rapprochés, afin d'ajuster une troupe lointaine, pour eux inoffensive.

En tirailleurs, les hommes sont très espacés; la surveillance des hausses est difficile; les hommes sont presque abandonnés à eux-mêmes. Ceux qui ont du sang-froid peuvent essayer de régler leur hausse; mais encore faut-il voir porter sa balle et, si le terrain s'y prête, chose rare, la distinguer de celles tirées en même temps par les voisins; ceux-ci seront d'autant plus troublés, tireront d'autant plus vite et plus mal que le combat sera plus sérieux, l'ennemi plus solide, et le trouble est plus contagieux que le sang-froid.

Le but, en somme, est une ligne de tirailleurs; but offrant si peu de surface et surtout de profondeur que le tir au delà du premier but en blanc exigerait, pour être réellement meurtrier, une connaissance absolument précise de la distance [1] : chose impossible, car cette distance à chaque instant varie par les mouvements des tirailleurs.

Ainsi, de tirailleurs à tirailleurs, sans jouer sur les mots, on tiraille dans le sens de tirer mal. Nos feux de tirailleurs en marchant, au polygone, alors que chaque homme connaît parfaitement la distance, a tout son temps et tout son sang-froid pour ajuster, sont là pour en faire foi; il est impossible que des tirailleurs en mouvement, non postés, puissent ajuster au delà de 400 mètres, distance déjà grande, quoique le tir de l'arme y soit encore très juste.

Du reste, on naît tireur; on a certainement vu des hommes, surtout des officiers instructeurs d'école de tir, par des années d'exercice, de mauvais tireurs qu'ils étaient devenir des tireurs émérites; mais on ne saurait à des soldats, sans une énorme consommation de munitions et sans les distraire de tout autre service, donner une éducation semblable. Et

---

[1]. Rien de plus difficile que l'appréciation des distances; rien de plus trompeur que l'œil, et l'habitude et les instruments ne peuvent parvenir à le rendre infaillible. A Sébastopol, pendant deux mois, une distance de 1000 à 1200 mètres a été impossible à apprécier avec la carabine, faute de voir les coups porter. Pendant trois mois, il a été impossible de constater par coups portés, *bien que l'on eût suivi tous les échelons de la hausse*, la distance de telle batterie qui n'était qu'à 500 mètres, dominait et était séparée par un ravin. Après trois mois, on saisit un jour deux coups portés, avec hausse de 500 mètres. Cette distance était estimée par tous plus de 1000 mètres et réellement n'était que de 500; la ville prise, en changeant le lieu d'observation, la chose devint manifeste.

encore, pour la moitié, manquerait-on le résultat.

Pour revenir, nous soutenons que le tir est efficace seulement dans les limites du premier but en blanc, et, à moins de circonstances, jusqu'à ce jour rares et exceptionnelles même dans nos dernières guerres, d'hommes postés dans de bonnes conditions de sang-froid, sous une intelligente direction, on peut dire que les armes de précision à longue portée n'ont guère fourni, d'une manière réellement efficace, une portée plus grande que celle du premier but en blanc.

On voit mettre en avant, comme preuve de la grande efficacité des armes de précision, les résultats terribles et décisifs obtenus dans l'Inde par les Anglais, avec la carabine Enfield. Mais ces résultats ont été obtenus précisément parce que les Anglais se trouvaient vis-à-vis de leurs ennemis, comparativement très mal armés, dans les conditions de sécurité, de confiance et, par suite, de sang-froid réclamées pour l'usage efficace de ces armes de justesse, conditions complètement changées lorsqu'on a en face de soi un ennemi également bien armé et discipliné, et qui, par conséquent, vous envoie destruction pour destruction.

IX

Impossibilité absolue des feux à commandement.

Revenons aux feux à commandement, que l'on veut faire exécuter aujourd'hui dans un combat en ligne.

Peut-on, doit-on espérer obtenir des troupes dans le rang des tirs réguliers et efficaces?

Non, car on ne peut faire que l'homme ne soit l'homme, que le rang ne soit le rang.

Que sont même ces feux sur le champ de tir ou de manœuvre?

Dans les feux à commandement, sur le champ de tir, tous les hommes des deux rangs mettent en joue ensemble; tout le monde est parfaitement immobile. Les hommes du premier rang, par conséquent, ne sont en rien gênés par leurs voisins; les hommes du second rang ne le sont pas davantage, et le premier rang étant effacé et immobile, ils peuvent mettre en joue dans un créneau libre sans plus de gêne que ceux du premier rang.

Le feu s'exécutant à commandement, simultanément par tous, nulle arme n'est dérangée au moment du tir par les mouvements des hommes. Toutes conditions parfaitement favorables à l'action d'ajuster dans le rang; aussi, lorsque ces feux sont commandés avec tact et sang-froid par un officier qui a bien dressé son monde (chose rare même au polygone), ils donnent des résultats supérieurs comme pour cent à ceux du feu à volonté exécuté avec la plus grande attention, des résultats parfois étonnants.

Mais ces feux à commandement, par l'extrême sang-froid qu'ils exigent de tous, du chef très certainement encore plus que du soldat, sont impraticables devant l'ennemi, sauf en des circonstances exceptionnelles, de choix d'officiers, de choix d'hommes, de terrain, de distance, de sécurité, etc., etc. En manœuvres même, ils s'exécutent d'une manière puérile. Il n'est peut-être pas un corps d'armée où ce ne soient les soldats qui commandent le feu, en ce sens que le chef a tellement peur de voir ses hommes prévenir le commandement, qu'il commande feu au plus vite, les armes à peine en joue, encore en l'air très souvent.

La prescription de ne faire le commandement de feu que trois secondes environ après celui de joue pourra avoir de bons résultats en face des cibles; mais il serait peu sage de croire que les hommes patienteront tout ce temps en face de l'ennemi.

Inutile de parler de l'emploi de la hausse devant l'ennemi pour des feux que tenteraient d'exécuter les mêmes hommes et les mêmes officiers qui manquent si absolument d'aplomb même en manœuvres. Nous avons vu un capitaine de tir, homme de sang-froid et d'expérience, qui, au polygone, tirait tous les jours depuis un mois des balles d'essai aux diverses distances, nous l'avons vu, après un mois d'exercice journalier, tirer de suite quatre balles d'essai à 600 mètres avec la hausse naturelle.

Ne tenons donc pas trop compte de ceux qui, dans les choses de la guerre, prenant l'arme pour point de départ, supposent sans hésiter que l'homme appelé à s'en servir en fera toujours l'usage prévu et commandé par leurs règles et préceptes. Le combattant est de chair et d'os; il est corps et âme, et, si forte souvent que soit l'âme, elle ne peut dompter le corps à ce point qu'il n'y ait révolte de la chair et trouble de l'esprit en face de la destruction. Apprenons à nous méfier de la mathématique et de la dynamique matérielle appliquées aux choses du combat, à nous garer des illusions des champs de tir et de manœuvre, où les expériences se font avec le soldat calme, rassis, reposé, repu, attentif, obéissant, avec l'homme instrument intelligent et docile en un mot, et non avec cet être nerveux, impressionnable, ému, troublé, distrait, surexcité, mobile, s'échappant à lui-même, qui, du chef au soldat, est le combattant (exception pour les forts, mais ils sont rares).

Illusions cependant persistantes et tenaces, qui toujours reparaissent au lendemain même des plus absolus démentis à elles infligés par la réalité, et dont le moindre inconvénient est de conduire à ordonner l'impraticable; et l'impraticable ordonné est une atteinte formelle à la discipline. Il a pour effet de déconcerter chefs et soldats par l'imprévu et par la surprise du contraste entre la bataille et l'éducation de la paix.

Certainement la bataille a toujours des surprises, mais elle en a d'autant moins que le sens et la connaissance du réel ont présidé davantage à l'éducation du combattant.

L'homme collectif, dans la troupe disciplinée, soumise à un ordre de combat par la tactique, devient invincible contre une troupe indisciplinée; mais, contre une troupe disciplinée comme lui, il redevient l'homme primitif qui fuit devant une force de destruction plus grande, quand il l'a éprouvée ou quand il la préjuge. Rien n'est changé dans le cœur du soldat : c'est toujours le cœur humain. La discipline tient un peu plus longtemps les ennemis face à face, mais l'instinct de conservation maintient son empire et le sentiment de la peur avec lui.

La peur!....

Il est des chefs, il est des soldats qui l'ignorent; ce sont gens d'une trempe rare. La masse frémit, car on ne peut supprimer la chair; et ce frémissement, sous peine de mécompte, doit entrer comme donnée essentielle en toute organisation, discipline, dispositifs, mouvements, manœuvres, mode d'action, toutes choses qui ont précisément pour but définitif de le mater, de le tromper, de le faire dévier chez soi et de l'exagérer chez l'ennemi.

Sur le champ de bataille, la mort est dans l'air, invisible et aveugle, avec des souffles effrayants qui font courber la tête. Devant cette épouvante, le soldat, s'il est novice, se groupe, se serre, cherchant appui par un raisonnement instinctif, quoique non formulé. Il se figure que plus nombreux on est à courir un dangereux hasard, plus grande est pour chacun la chance d'y échapper. Mais il ne tarde pas à s'apercevoir que la chair attire le plomb. Alors, comme il n'est capable que d'une quantité donnée de terreur, forcément, invinciblement il échappe par le feu, ou « il se sauve en avançant », selon la pittoresque et profonde expression du général Bourbaki.

Le soldat échappe au chef, disons-nous; oui, il échappe! Mais ne s'aperçoit-on pas qu'il échappe parce que jusqu'à ce jour on ne s'est pas assez inquiété de son caractère, de son tempérament, de sa nature d'homme impressionnable et nerveux. Dans les méthodes de combat qu'on lui a données, on l'a toujours emprisonné dans le compassé, dans l'impossible. On le fait encore aujourd'hui. Demain comme hier, il échappera.

Il est un moment, certes, où tous les soldats échappent soit en avant, soit en arrière; mais l'organisation, les méthodes de combat n'ont d'autre but que de reculer le plus loin possible cet instant, et on le hâte.

Tous nos chefs redoutent, et leur crainte est parfaitement justifiée du reste par l'expérience, que le soldat devant l'ennemi n'use trop vite ses cartouches. La préoccupation a un motif sérieux et certainement digne d'attention. Comment arrêter cette consommation inutile et dangereuse de munitions? Nos soldats ont peu de sang-froid; une fois dans le danger, ils tirent, ils tirent pour s'étourdir, pour occuper le temps; on ne peut plus les arrêter.

Il y a des gens que rien n'embarrasse et qui de la meilleure foi du monde viennent vous dire : Comment! vous êtes en peine pour arrêter le feu de vos soldats? Ce n'est pourtant pas difficile. Vous convenez que ces gens ont peu de sang-froid et qu'ils tirent malgré vous, malgré eux. Eh bien, exigez d'eux, de leurs officiers, les feux qui demandent le plus de sang-froid, le calme, l'aplomb le plus grand, même à l'exercice. Ils sont incapables du moins, exigez le plus, et vous l'obtiendrez, ce plus. Et là-dessus vous fonderez toute une méthode de combat, une méthode simple, belle et terrible, comme on n'en a jamais vu. Voilà certes une belle théorie et qui ferait rire aux larmes le rusé Frédéric, le seul qui ne crût pas à ces manœuvres.

Mais c'est se tirer d'une difficulté par une impossibilité reconnue de tous temps, et plus impossible aujourd'hui que jamais.

On a peur que le soldat n'échappe à ses chefs, et l'on ne trouve pas de meilleur moyen pour le tenir que de lui demander, à lui et à l'officier, des feux impraticables, qui, ordonnés et non exécutés par les soldats et les officiers même, sont une atteinte à la discipline du rang. N'ordonnez jamais que le praticable, dit la discipline, parce que l'impraticable devient une désobéissance.

Combien de conditions à remplir pour avoir un feu à commandement : conditions chez les soldats, conditions chez les chefs ! Perfectionnez-les, dit-on. Certainement, perfectionnons leur éducation, leur discipline, etc., etc.; mais, pour des feux à commandement, il faut perfectionner leurs nerfs, leur force physique, leur force morale, les rendre de bronze, supprimer l'émotion, le tremblement de la chair. Le peut-on?

Les hommes de Frédéric étaient menés à coups de trique par la discipline terrifiante, et leurs feux n'étaient que des feux à volonté ; car la discipline ne suffit pas pour faire une tactique supérieure.

L'homme dans le combat, nous le répétons encore, est un être chez lequel l'instinct de la conservation domine à certain moment tous les sentiments. La discipline, qui a pour but, elle, de dominer cet instinct par une terreur plus grande, ne peut y arriver d'une manière absolue ; elle n'y arrive que jusqu'à un certain point qui ne peut être dépassé.

Certes nous ne nions pas les exemples éclatants où la discipline et le dévouement ont élevé l'homme au-dessus de lui-même ; mais si ces exemples sont éclatants, c'est qu'ils sont rares ; s'ils sont admirés, c'est qu'on les considère comme des exceptions, et l'exception confirme la règle.

Pour ce qui est du perfectionnement, on devrait se rappeler le Spartiate. Si jamais homme avait été perfectionné en vue de la guerre, c'était bien lui, et cependant il a été battu, il a lâché pied. Donc, malgré l'éducation, la force morale et physique a des limites, puisque les Spartiates fuyaient, eux qui devaient rester jusqu'au dernier sur le champ de bataille.

Les Anglais, avec leur sang-froid flegmatique et leur terrible feu roulant, les Russes, avec cette inertie qu'on appelle leur ténacité, ont cédé devant l'impulsion ; l'Allemand a cédé, lui qui, à raison de sa ductilité et de sa consistance, a été appelé un *excellent matériel de guerre*.

On fait encore cette objection : Il se peut qu'avec des hommes non aguerris la chose soit peu praticable ; mais avec des hommes aguerris..... Mais avec quoi donc commence-t-on la guerre ? Les méthodes sont faites précisément pour les troupes jeunes et inexpérimentées.

On dit encore : Les Prussiens ont employé ces feux avec succès dans la dernière guerre, pourquoi ne pourrions-nous pas les employer comme eux? En supposant que les Prussiens les aient employés, ce qui est loin d'être prouvé, il ne s'ensuit pas qu'ils soient praticables pour nous. Cette manie d'emprunter aux Allemands leur tactique n'est pas d'aujourd'hui seulement, quoiqu'on ait toujours protesté contre elle avec raison. Le maréchal Luckner disait : « Ils auront beau tourmenter leurs hommes, ils auront le bonheur de ne jamais en faire des Prussiens. » Plus tard, Gouvion Saint-Cyr : « On exerce les hommes aux diverses évolutions que l'on juge nécessaires pour la guerre, mais il n'est nullement question des évolutions plus appropriées au génie guerrier des Français, à leur caractère, à leur tempérament ; on n'a pas cru devoir en tenir compte ; il a paru plus facile d'emprunter aux Allemands leur méthode. »

Obéir à une tactique préconçue est plus le fait des Allemands flegmatiques de race que le nôtre. Les Allemands obéiront tant bien que mal, mais essayeront d'obéir à une tactique contre nature ; le Français, non, il ne le peut. — Plus spontané, plus nerveux, plus impressionnable, moins calme, moins obéissant, dans nos dernières guerres, il a formellement et d'emblée violé les prescriptions réglementaires ou recommandées. — « L'Allemand, dit un officier prussien, a le sentiment du devoir, de l'obéissance ; il se fait à une discipline sévère ; il est plein de dévouement, mais animé d'un esprit *non vivant*. Lent par nature, plutôt lourd que mobile, intellectuellement tranquille, réfléchi, sans élan ni feu sacré, désirant mais *non voulant* vaincre ; obéissant avec calme, d'une manière consciencieuse, mais mécaniquement et sans enthousiasme, se battant avec résignation, valeur, héroïsme, se laissant peut-être immoler inutilement, mais vendant chèrement sa vie. Il n'a pas le sentiment guerrier, il n'est pas belliqueux, il n'a rien de commun avec l'ambition, il est un *excellent matériel de guerre*, à raison de sa ductilité et de sa consistance. Ce qu'il faudrait lui inoculer, c'est une volonté propre, une impulsion personnelle, la tendance à aller en avant. » D'après ce portrait peu flatté, que nous croyons même forcé, quoique d'un compatriote, il est possible que les Allemands parviennent à pouvoir être soumis à une tactique impossible pour des Français. Et cependant pratiquent-ils cette tactique ? Rappelons-nous les recommandations pressantes de Blücher à ses chefs de brigade, de bien veiller à ce que les attaques à la baïonnette ne se changent pas en fusillade. — Remarquons cet article d'un règlement de tir prussien actuel, qui prescrit de faire tirer des balles d'essai avant chaque tir, *afin de dissiper l'espèce d'émotion qui s'empare du soldat quand ses exercices ont subi une interruption de quelque durée.*

Pour finir, si les feux à commandement ont été impossibles avec l'ancien fusil, ils le seront bien davantage aujourd'hui, par ces simples motifs que le frémissement croît en raison de la puissance de destruction. Sous Turenne, on tenait beaucoup plus que de nos jours, mais alors on avait le mousquet et on allait moins vite en besogne. Aujourd'hui, parce que tout le monde a le fusil à tir continu, la chose est-elle devenue plus facile? Hélas! non. Les rapports entre les choses restent les mêmes. Vous me donnez un mousquet, je tire à 60 pas; un fusil, à 200; un chassepot, à 400; mais je n'ai pas plus de sang-froid et de solidité que je n'en avais à 60 pas, peut-être moins! car, avec la rapidité du tir, mon arme est plus terrible à 400 pas, pour moi comme pour l'ennemi, que le mousquet à 60. Y aura-t-il seulement plus de précision dans le tir? Non. Les carabines étaient employées avant la Révolution française, et cependant cette arme, parfaitement connue, ne se voit à la guerre que dans quelques cas extrêmement rares, et son efficacité, expérimentée dans ces cas, ne donne aucun résultat satisfaisant. Le tir de précision avec elle, aux distances de combat de 200 à 400 mètres, était chose illusoire, et on l'abandonna pour revenir à l'ancien fusil. Les chasseurs à pied ne connaissaient-ils pas les feux à commandement ? Troupe d'élite, hommes plus solides, en ont-ils usé ? Bon moyen d'employer leurs armes cependant. Aujourd'hui, nous avons des armes précises à 600 et 700 mètres ; cela veut-il dire que le tir précis sera possible jusqu'à 700 mètres ? Non. Si notre ennemi a des armes aussi précises que les nôtres, notre tir à 700 mètres rentrera dans les conditions du tir à 400. On perdra autant de monde, et les conditions de sang-froid seront les mêmes, c'est-à-dire nulles. Si l'on tire trois fois plus vite, il tombe trois fois plus de monde, et les conditions de sang-froid sont trois fois plus difficiles, et, comme alors on ne pouvait exécuter de feux à commandement, on ne pourra pas davantage en exécuter aujourd'hui, et même, comme alors on n'ajustait pas, on n'ajustera pas davantage.

Mais si ces feux sont impossibles, pourquoi les préconiser ? Restons toujours dans le domaine du possible, sous peine de graves mécomptes. « Dans notre art, dit le général Daine, les théoriciens abondent, mais les hommes pratiques sont d'une rareté extrême ; aussi, quand vient le moment d'agir, il arrive souvent que les principes se trouvent confondus, que l'application devient impossible et que les officiers les plus érudits demeurent immobiles, ne pouvant mettre à profit les trésors de science qu'ils avaient amassés. »

Recherchons donc, avec les hommes pratiques, ce qui est possible ; recueillons soigneusement les leçons de leur expérience, en nous rappelant ce mot de Bacon : « Expérience passe science. »

CHAPITRE VI

CONSIDÉRATIONS TACTIQUES

Comme il y a quelques années, le tir des armes se chargeant par la culasse fait aujourd'hui tourner les têtes.

La mode est aux petits retranchements couvrant les bataillons. — Excellente chose, vieille comme la poudre ; mais n'importe, elle est bonne, à une condition, toutefois : c'est que de derrière cet abri on puisse faire un feu *utile*.

Or il suffit de voir les deux rangs massés dans ce petit fossé, accroupis pour se défiler. Il suffit de suivre la direction des coups de feu, même à poudre, pour s'assurer que moins que jamais, en ces conditions, le tir (non le tir ajusté, mais le simple tir horizontal) est une fiction ; en une seconde, ce sera une tiraillerie, au hasard plus que jamais, par l'*étourdissement*, la poussière, le serré, la gêne des deux rangs. — C'est à qui défilera le mieux, et adieu le tir !

On veut ménager les munitions, on veut tirer de l'arme tout ce qu'elle peut donner comme efficacité, et, par la préconisation des feux de rang, on prend les meilleures dispositions possibles pour retomber plus que jamais dans la *tirerie* au hasard ; on met ceux mêmes qui pourraient bien tirer dans l'impossibilité de le faire.

Puisqu'on a une arme qui tire six fois plus vite que l'ancienne, pourquoi n'en pas profiter pour couvrir un espace donné avec six fois moins de tireurs qu'anciennement, tireurs qui, plus espacés, pourront moins s'étourdir, y verront plus clair, seront mieux *surveillés* (ce qui peut paraître étrange) et donneront, pour ces raisons, un tir meilleur que l'ancien, etc. ; qui, de plus, brûleront six fois moins de munitions, et là est la grande question. Conserver toujours des munitions, avoir les dernières, c'est-à-dire avoir des troupes qui n'aient pas donné, toute la question est là : conserver quand même des réserves.

Napoléon 1er dit que dans les combats le rôle des tirailleurs est le plus fatigant et le plus meurtrier ; ceci veut dire que, dès l'Empire, l'action de destruction était faite et subie principalement par les tirailleurs ; ceci veut dire que sous l'Empire, comme aujourd'hui, les troupes d'infanterie fortement engagées devenaient rapidement des troupes en tirailleurs ; que l'action se décidait par l'action morale des troupes non engagées, tenues dans la main, capables d'une direction, de mouvement déterminé et agissant comme une menace grosse de dangers nouveaux sur l'ennemi ébranlé par l'action destructive des tirailleurs. Les choses aujourd'hui ne se passent pas, ne se peuvent passer autrement ; seulement la plus grande force de l'arme de jet fait que, plus que jamais, il sera fait usage des tirailleurs ; plus que jamais leur rôle deviendra le rôle destructif par excellence et le rôle forcé de toute troupe engagée sérieusement, par le seul fait de la pression morale plus grande, qui forcera les hommes à s'éparpiller.

Le rôle des tirailleurs devient de plus en plus prédominant; il a besoin d'être d'autant plus surveillé et dirigé qu'il se fait contre des armes plus meurtrières et qu'il est plus porté par conséquent à échapper à tout maintien, à toute direction. Est-ce dans ces conditions qu'il convient d'envoyer des tirailleurs à 600 pas en avant des bataillons et de donner au chef de bataillon la mission de surveiller et de diriger (avec 6 compagnies de 120 hommes) des troupes répandues sur un espace de 300 pas sur 500 au minimum? Envoyer des tirailleurs à 600 pas de leur bataillon, et espérer qu'ils y resteront est de gens qui n'ont jamais observé.

Il semble, au contraire, puisque le combat par tirailleurs tend à prédominer, puisqu'il devient plus difficile avec le danger croissant, il semble qu'on ne saurait trop rapprocher du combat celui qui doit le diriger. Cela a été une préoccupation constante que celle d'arriver à la direction du combat de tirailleurs. On a vu des chefs répandre tout un bataillon devant une division d'infanterie, afin que, placés sous un seul commandement, les tirailleurs obéissent mieux à une direction générale; ce mode, à peine praticable sur un champ de manœuvre, indique la préoccupation dont nous avons parlé. D'autres tombent dans l'excès opposé; ils fractionnent en deux le commandement immédiat des tirailleurs dans chaque bataillon, sous la direction du chef de celui-ci, qui doit diriger à la fois et ses tirailleurs et son bataillon. Ce moyen, plus pratique que l'autre, abandonne une direction impossible et met la direction particulière dans les mains de qui de droit. Mais cette direction est trop lointaine; le chef de bataillon a à s'occuper du rôle de son bataillon dans la ligne ou dans l'ensemble des autres bataillons de la brigade ou de la division et de l'action particulière de ses tirailleurs. Plus le combat devient compliqué, difficile, plus les rôles de chacun doivent être simples et nets. Les tirailleurs ont besoin d'une main plus ferme que jamais pour être dirigés et maintenus. Il est évident

que l'engin actuel est plus meurtrier que l'ancien. —
Le moral des troupes est donc plus fortement ébranlé.
— Nécessité donc de faire sentir de plus près aux
combattants, aux hommes immédiatement soumis à
la destruction, l'action du chef. Qu'on en prenne son
parti, que le chef de bataillon soit tout entier au rôle
des tirailleurs ou tout entier au rôle de ligne; que les
bataillons, plus petits, soient moitié nombre en réserve, moitié en tirailleurs, et, dans ceux en tirailleurs,
moitié des compagnies en tirailleurs et moitié en réserve, la ligne des tirailleurs y gagnera comme fermeté.

Quant au chef de bataillon des troupes de deuxième
ligne, il faut qu'il reste tout entier à ce rôle et ne
fasse l'autre qu'à son tour.

Je demande 4 compagnies par bataillon. La puissance de l'arme et l'intervalle plus grand (le coude à
coude matériel doit être élargi) que son usage néces-
site entre les hommes dans le rang réduisent à
400 hommes la force que peut diriger un chef de
bataillon.

J'aime mieux des bataillons de 600 hommes que
des bataillons de 1 000. J'aime mieux entretenir des
compagnies à 100 hommes qu'entrer en campagne
avec des compagnies de 150, parce que la direction
vaut mieux que le nombre et la cohue. Les chefs de
bataillon eux-mêmes se sentiront plus forts avec
600 hommes qu'ils peuvent commander et diriger

qu'avec 1 000 dont une grande partie leur échappe.

Avec un bataillon de 600 hommes ayant de la cohésion, je tiendrai plutôt contre un bataillon ennemi de 1 000 hommes qu'avec un bataillon de 800 hommes dont 200 immédiatement rappelés.

Si vous voulez, et cela paraît rationnel, que les colonels aient, eux aussi, une action, mettez les bataillons du régiment sur deux lignes : une de bataillons en tirailleurs, l'autre de bataillons en ordonnance, qui attend, prête à appuyer la première ligne. Si vous ne voulez pas l'action des colonels, mettez tous les bataillons du régiment en première ligne, et alors en tirailleurs. Puisque la chose est inévitable, qu'elle se fera malgré vous, faites-la d'emblée, etc.

La nécessité de renouveler les munitions si vite épuisées de l'infanterie commande encore de ne l'engager que par portions constituées, pouvant être relevées par parties constituées, après l'épuisement des munitions.

Nécessité donc, puisque les tirailleurs usent vite, d'engager des bataillons entiers en tirailleurs, soutenus par des bataillons entiers en soutien ou en réserve. C'est une mesure d'ordre, et il en faut. Il en faudra.

Par bataillons entiers, je n'entends pas engager dans le feu d'emblée les quatre compagnies du bataillon. Non. Toujours jusqu'à l'extrême limite du possible, le chef de bataillon doit se garder de jeter tout son monde dans le feu.

On a une tendance chez nous (cela se voit dans les camps de manœuvre) à ne se figurer défendu un front de bataille, de position, que lorsqu'il est couvert *partout* par des tirailleurs, sans le moindre intervalle entre les tirailleurs des divers bataillons. Qu'en peut-il résulter ? D'abord, *dès le commencement de l'action*, des hommes et des munitions gaspillés ; puis comment renforcer au besoin ? Partout vous y voyez clair, au loin ; à quoi donc bon ? Laissez de très larges intervalles entre vos compagnies déployées. Nous ne sommes plus au temps des feux à 100 mètres. Nous ne risquons pas de voir (puisque nous y voyons de loin) l'ennemi se jeter dans les intervalles d'une manière inopinée. Vos compagnies en tirailleurs à larges intervalles commencent le combat, la tirerie.

Si vos compagnies marchent en avant, le chef de bataillon suit avec ses compagnies en main, en les défilant le plus possible. Il laisse marcher. Si les tirailleurs combattent sur place, il surveille. Si le commandant veut renforcer sa ligne, s'il veut faire face à un ennemi qui tente d'avancer vers l'intervalle, s'il a un motif quelconque de le faire en un mot, il lance de nouveaux tirailleurs dans cet intervalle. Certes, ces compagnies lancées ont l'impulsion en avant, ont plus d'élan (si d'élan il est besoin) que les tirailleurs déjà engagés ; si elles dépassent les premiers tirailleurs, nul mal; voilà des échelons tout trouvés, et les tirailleurs engagés, voyant un appui en avant d'eux, peuvent à leur tour être plus facilement poussés en avant, etc., etc. De plus, vos dernières compagnies lancées dans cet intervalle sont une surprise pour l'ennemi. C'est chose à considérer (tant que l'on combat sur place, des intervalles dans les lignes de tirailleurs sont de la place pour les balles). Enfin, ces compagnies restent entre les mains de leurs chefs ; tandis que la méthode actuelle renforce les tirailleurs (je parle de la méthode pratique du champ de bataille, non de la théorie) par une compagnie qui, partant de derrière les tirailleurs engagés, sans avoir une place où se déployer, ne trouve autre chose de mieux à faire que de se mêler à celle qui est devant elle, où elle double les hommes, mais par le fait du mélange porte le désordre, empêche l'action des chefs, disjoint les groupes constitués, — car le resserrement des intervalles, pour faire place au nouvel arrivant, est bon au champ de manœuvre, ou bien avant ou après le combat, *jamais pendant.* Certainement un intervalle ménagé (lorsqu'on y voit clair, bien entendu) ne se conservera pas exact; il s'ouvrira, se resserrera, suivant les fluctuations du combat ; mais ce premier instant pendant lequel l'intervalle peut se conserver n'est pas le moment d'un combat vif; c'est le moment de l'engagement, du tâtement, du tâtonnement par conséquent. Pourvu qu'il reste une place où se porter, c'est l'essentiel. Supposez-vous en plaine (comme en fortification, en manœuvres, on part du terrain plan); en s'étendant, la nouvelle compagnie refoulera les ailes des autres; les hommes naturellement appuyant du côté de leurs camarades, les intervalles individuels se resserreront pour faire place à cette compagnie; elle aura toujours un groupe central bien déterminé, servant de ralliement, de direction aux autres. Que si l'intervalle a disparu, il est toujours temps d'employer la méthode forcée de doubler les rangs des gens qu'on a devant soi, mais il ne faut jamais, de parti pris, oublier de prendre une précaution d'ordre.

En ordonnant les feux à commandement, les feux de rang, en cherchant à réduire le rôle des tirailleurs, au lieu de le faire prédominer, on joue la partie des Allemands. C'est nous qui avons inventé, trouvé les tirailleurs; ce mode de combat est forcé avec nos hommes, avec nos armes, etc.; il faut l'organiser.

Les tirailleurs font l'action destructive; le rang, l'action morale. Lorsque vous marchez sur des troupes en position, sur des troupes qui vous attendent, lorsque vous marchez au-devant de troupes qui vous attaquent, pourquoi, au moment de la plus grande tension morale de part et d'autre, allez-vous (je parle des champs de manœuvres, de la tactique des camps, qui devrait préparer à celle devant l'ennemi), pourquoi, dis-je, alléger l'angoisse morale de l'ennemi en supprimant chez lui la destruction, en rappelant vos tirailleurs. Que si l'ennemi garde les siens, et s'il marche résolument derrière eux, vous êtes perdu, car son action morale sur vous est augmentée de son action destructive, dont vous vous êtes désarmé contre lui.

Pourquoi ? Parce que vos tirailleurs gêneraient l'action de vos colonnes, la charge à la baïonnette ? Il faut n'avoir jamais rien vu pour parler ainsi. A ce dernier moment, moment suprême où 100, 150, 200 mètres vous séparent de l'ennemi, il n'y a plus de rang, il y a marche à corps perdu, et vos tirailleurs sont vos enfants perdus ; qu'ils chargent pour leur compte, qu'ils se laissent dépasser ou pousser par la masse, ne les rappelez pas, ne leur faites faire aucune évolution ; ils ne sont capables d'aucune sinon peut-être de celle de rétrograder et d'établir un contre-courant qui vous pourrait entraîner vous-même. En ces moments, tout tient à un fil.

Parce que vos tirailleurs vous empêcheraient de faire vos feux de deux rangs, ou à commandement ? Si vous croyez aux feux, surtout aux feux sous la pression du danger qui s'avance, devant un ennemi qui, s'il est sage, marche certainement précédé de tirailleurs, nous ne nous entendons plus. Mais admettons. Quels feux sont possibles devant des tirailleurs qui *tuent du monde dans vos rangs*, et qui ont la confiance que donne ce premier succès d'avoir vu vos tirailleurs disparaître devant eux? Que ces tirailleurs se couchent, et ils le feront certainement devant votre front démasqué, les voilà vous décimant à l'aise, et vous voilà soumis à leur action destructive et à l'action morale de la marche en avant de troupes en main contre vous. Vos rangs se brouillent. Vous ne tenez pas. Il n'y a qu'un moyen de tenir : c'est d'aller au devant, et, pour ce, il ne faut à aucun prix ouvrir un feu quelconque avant de se porter en avant. Le feu ouvert, on ne marche plus. On croit toujours à un feu ouvert et fermé à volonté du chef comme au champ de manœuvre. Le feu ouvert par un bataillon, avec les armes actuelles surtout, c'est le commencement du désordre, le moment où le bataillon commence à échapper à son chef... Comment, en manœuvre même, les chefs de bataillon, après une formation un peu vive, après une marche, ne peuvent plus (souvent ne savent plus) commander des feux.

On objecte que jamais on n'arrivera à 200 mètres de l'ennemi; qu'une troupe qui attaque de front n'arrive jamais; soit; attaquons de flanc; un flanc est toujours plus ou moins couvert; on y trouve du monde, soit posé d'avance, soit arrivé pour le coup. Il faudra bien enlever ce monde.

Plus que jamais, il n'y a plus aujourd'hui, avec le

tir rapide, d'autres feux possibles avec quelque sang-froid que les feux de tirailleurs.

Par la force des choses aussi, l'ordre sur deux rangs doit s'amincir encore. Toutes les balles du deuxième rang sont balles perdues. Ce deuxième rang, dans un feu sur place, à un moment suprême, ne doit point être derrière le premier; les hommes ne doivent point se toucher; ils doivent être largement espacés. Le deuxième rang doit être en échiquier derrière le premier. On aura toujours des feux de reste sur un front donné; il faut rendre ce feu le moins mauvais possible par l'aisance la plus grande possible. Puisque l'on en est aux expériences de polygone, je ne les récuse pas entièrement, mais je veux les faire dans des conditions plus pratiques.

Dans un feu de deux rangs, sous le danger, les hommes se pelotonnent, se brouillent. Plus de large ils auront, moins grand sera le désordre. Sous le feu, les jeunes troupes se pelotonnent, les vieilles s'égaillent; plus minces seront les rangs, plus facilement se fera l'égaillement, moins tumultueux sera le pelotonnement. La rapidité des feux a amené de six rangs les hommes à deux rangs. Avec des troupes solides, qui n'ont pas besoin du soutien moral d'un deuxième rang derrière elles, un suffit aujourd'hui. On peut ainsi, dans un premier moment, tenir tête à des troupes sur deux rangs et même en avoir raison.

CAVALERIE

CHAPITRE VII

ROLE ET ACTION MORALE DE LA CAVALERIE

Avec les armes nouvelles, le rôle qui certainement a le moins changé est celui de la cavalerie, et c'est celui dont on se préoccupe le plus. Cependant la cavalerie a toujours le même *credo* : la charge. De cavalerie à cavalerie, le rôle est toujours le même, ce qui est déjà quelque chose. Contre infanterie, le même encore. La cavalerie n'a d'action que sur une infanterie démantelée (laissons de côté les récits épiques, qui toujours sont mensonges, qu'il s'agisse de cavalerie ou d'infanterie), aujourd'hui comme hier, et elle sait comment s'y prendre. L'infanterie contre infanterie n'en saurait dire autant. Là, anarchie complète dans les idées. Pas de *credo* pour l'infanterie.

On dit : La cavalerie est perdue, elle n'a plus d'action possible dans les combats avec les armes actuelles (l'infanterie n'en subit-elle donc pas les effets?).

L'exemple des deux dernières guerres ne prouve rien : un siège, un pays coupé, et une cavalerie qu'on n'ose compromettre et à laquelle on enlève ainsi l'audace, sa seule arme ou à peu près.

C'est de tout temps qu'on a mis en doute l'utilité de la cavalerie, et cela parce qu'elle coûte cher et qu'on s'en sert peu, précisément parce qu'elle coûte.

Question économique, dont le point de départ est dans le temps de paix.

Quand on estime les gens être précieux, ils ne tardent pas à prendre d'eux la même opinion et à prendre garde de se casser.

Le Français a plus des qualités du cavalier que de celles du fantassin, et cependant ses fantassins paraissent mieux valoir. Pourquoi? Parce que l'usage, sur les champs de bataille, de la cavalerie, exige une décision, un à-propos rares, et alors, si le cavalier français ne peut montrer ce qu'il vaut, la faute en est non à lui, mais à ses chefs.

Que répondre à l'argument qui suit : Le fantassin, depuis les armes perfectionnées, n'en doit-il pas moins marcher sous le feu à l'attaque d'une position? Le cavalier est-il d'autre chair, a-t-il moins de cœur que le fantassin? Ce que l'un fait (marcher sous le feu), l'autre ne peut-il le faire (courir sous le feu)?

Du jour où il sera impossible au cavalier de courir sous le feu, il sera impossible au fantassin d'y marcher, et les combats seront des échanges de coups de carabine entre hommes embusqués à longues portées.

14

Le combat ne cessera jamais que faute de munitions.

Presque toujours, l'infanterie française a été défaite par l'infanterie anglaise; presque toujours, seule à seule, la cavalerie anglaise a tourné bride devant la cavalerie française (les terribles combats de cavalerie ne sont que des tournez-bride). Est-ce parce que nos cavaliers (les hommes, en guerre, durent davantage dans la cavalerie) étaient plus anciens soldats que nos fantassins et par suite plus solides? Cette raison n'en est pas une, ce qui est vrai pour nos cavaliers l'étant aussi pour les cavaliers anglais. La raison est que, sur le champ de bataille, le rôle des fantassins, quand ils ont des adversaires solides, demande un sang-froid, une solidité de nerfs plus grands que le rôle de cavaliers; qu'il exige une tactique calculée d'après la tactique ennemie, tenant compte à la fois et du caractère national et du caractère de l'ennemi. Et contre les Anglais notre confiance dans le « En avant » écervelé a fait un fiasco complet. Le rôle de la cavalerie est plus simple, contre cavalerie s'entend; la confiance française et le : En avant! en avant! font une bonne cavalerie de combat, et, plus qu'aucun autre, le Français est propre à ce rôle; nos cavaliers vont mieux de l'avant que les autres, et tout est là sur le champ de bataille; et, comme ils vont plus vite en avant que l'infanterie, l'élan, *qui a sa durée*, est mieux conservé quand on approche de l'ennemi.

Pourquoi est-il si difficile de bien employer la cavalerie? Parce que son rôle est tout mouvements, tout moral, moral et mouvements tellement liés que les mouvements seuls, sans charges souvent, sans *action* physique d'aucune sorte, mettent l'ennemi en retraite, et, si on le suit de près, parfois en déroute. Cela est une conséquence de sa rapidité pour qui s'en sait servir.

Si nous n'avons pas eu sous l'Empire de grand général de cavalerie qui sût manier et faire manœuvrer les masses, qui sût s'en servir autrement que comme d'un aveugle marteau qui frappe fort, pas toujours juste, mais presque toujours avec pertes immenses, c'est que, comme les Gaulois, nous avons un peu trop de confiance absolue dans l'en avant, en avant; pas tant de façons! Les *façons* n'empêchent pas l'en avant; elles en préparent l'effet et le rendent plus sûr à la fois et moins coûteux à l'assaillant. Nous avons toute la brutalité et l'impatience gauloises, témoin Melegnano, où nous négligeons la façon du canon et où nous dédaignons de faire un mouvement pour tourner le village. Oui, le général de cavalerie est chose rare, mais celui d'infanterie aussi.

Un tel chef doit, chose difficile, allier la bravoure résolue et l'impétuosité à la prudence et au sang-froid; il doit être complet, mais la différence d'arme ne fait rien à la chose. Homme à cheval, homme à pied, c'est toujours le même homme qu'on a à commander. Seulement, on ne demande guère compte au général d'infanterie de la *casse* inopportune qu'il a pu faire de son monde, tandis qu'on le demande au général de cavalerie. Le général d'infanterie a six occasions réelles de combattre contre une que peut avoir le général de cavalerie. Ces deux motifs font que, dès le commencement d'une guerre, on peut remarquer plus d'audace chez le général d'infanterie que chez celui de cavalerie. Le général Bugeaud eût peut-être fait un meilleur général de cavalerie que d'infanterie. Pourquoi? Parce qu'il avait une décision et une résolution promptes. La résolution du fantassin a besoin d'être plus ferme que celle du cavalier.

En somme, le moral du fantassin, qui toujours est plus fatigué que le cavalier, étant plus difficile à apprécier que celui de ce dernier, je crois que le bon général d'infanterie est plus rare que le bon général de cavalerie. Et puis la résolution du général d'infanterie ne doit pas durer un instant seulement, mais longtemps, longtemps.

On a toujours un bon général d'artillerie. Pourquoi? Parce qu'il a moins à se préoccuper du moral, qu'il raisonne plus d'après les choses et effets matériels que d'après le moral, parce qu'il a moins à se préoccuper du moral des siens, par les motifs qui font plus grande que dans les autres armes la discipline de combat de l'artillerie.

Le combat de cavalerie, bien plus que celui d'infanterie, est chose morale.

Étudions d'abord le moral du combat de cavalerie dans le combat d'homme à homme.

Deux cavaliers se lancent à l'encontre l'un de l'autre.

Vont-ils diriger leurs chevaux front à front?

Leurs chevaux se briseraient, et à quoi bon? à se mettre à pied tous les deux, en courant les chances de se faire écraser dans le choc ou dans la chute de leurs montures. Chacun dans le combat compte sur sa force, sur son adresse, sur la souplesse de sa monture, sur sa valeur personnelle; il ne veut donc pas du choc aveugle, et il a raison.

Ils s'arrêtent face à face, côte à côte, pour combattre homme à homme, ou bien ils se croisent, s'envoyant au passage coups de sabre ou de lance; ou bien encore ils cherchent à froisser du poitrail le genou de l'adversaire et à le démonter ainsi. — Mais chacun toujours, toujours, en cherchant à frapper l'autre, songe à se garer lui-même, ne veut pas d'un choc aveugle qui supprime le combat...

Les combats antiques, les combats de chevaliers, les rares combats de cavaliers de nos jours, ne nous montrent pas autre chose.

La discipline, en maintenant les cavaliers dans le rang, n'a pu changer l'instinct du cavalier. Pas plus que l'homme isolé, le cavalier dans le rang ne tient à se briser mur contre mur au choc de l'ennemi. — De là le terrible effet moral du rang serré qui s'avance. — Comme il n'y a nul moyen d'échapper de droite et de gauche, les deux partis, hommes et chevaux, éviteront le choc en s'arrêtant face à face. Mais, dira-t-on, si ce sont des troupes braves par excellence, également trempées au moral, également bien conduites et enlevées, également animées, qui arrivent à se voir de face et de si près? — Toutes ces conditions ne se trouvent pour ainsi dire jamais réunies de part et d'autre, et la chose ne se voit jamais; quarante-neuf fois contre une, une des cavaleries hésitera, se découdra, se mettra en désordre, tournera le dos devant la résolution de l'autre, avant les trois quarts du temps nécessaire pour en venir à la distance où les yeux rencontrent les yeux, plus près encore souvent; mais toujours, toujours l'arrêt, le recul, le détour des chevaux, le désarroi, qui trahissent la peur ou l'hésitation, viennent à ce point amoindrir, atténuer, supprimer le choc, le traduire en fuite instantanée, que l'assaillant résolu n'en est point ralenti. Il n'a pu franchir ou tourner les obstacles des chevaux non encore en fuite dans ce brouhaha d'un demi-tour impossible sur place et exécuté cependant par la troupe enfoncée, sans être en désordre lui-même. — Mais ce désordre est celui de la victoire, de l' « En avant », et une bonne cavalerie ne s'en trouble pas, car elle se rallie en avançant toujours, tandis que l'enfoncée a la peur aux talons.

Mais en somme il y a peu de pertes, car le combat, si combat il y a, est affaire d'une seconde. Et la preuve, c'est que dans ce combat de cavalerie à cavalerie le vaincu seul perd du monde : encore en perd-il généralement peu ; le combat contre l'infanterie est le seul réellement meurtrier. La preuve, c'est que l'on a vu, à nombre égal, de petits chasseurs enfoncer de lourds cuirassiers. — Comment l'eussent-ils fait si les autres n'eussent fléchi devant leur résolution ? Donc et toujours question de résolution.

Dès l'antiquité, et toujours, on voit le fantassin isolé contre le cavalier isolé avoir l'avantage. — Cela ne semble pas faire l'ombre d'un doute dans les narrés antiques ; le cavalier ne combat que le cavalier ; il menace, harcèle, inquiète le fantassin à dos, mais ne le combat pas ; il l'égorge lorsque celui-ci est mis en fuite par l'infanterie, ou du moins le culbute, et le vélite l'égorge.

Dans le tumulte et la vitesse de la cavalerie, l'homme échappe plus facilement à la surveillance. Dans nos combats, son action est par moments séparée et rapide. — Le cavalier ne se laisse pas très volontiers choir, car c'est dangereux. — D'un moment d'action à un autre, il y a le ralliement, puis l'appel (si on ne le fait, faute). On peut dans une journée faire dix, vingt appels. Le chef, les camarades ont donc à chaque instant compte à demander et peuvent le demander le lendemain.

Le fantassin, de nos jours, une fois en action, et cette action dure, échappe par le désordre inhérent à l'action, par l'éparpillement, par le manque d'appel, qu'on ne peut faire qu'après l'action, au contrôle des chefs. Il n'y a plus que celui des camarades. — L'infanterie est, des armes modernes, celle où il est le plus grand besoin de solidarité.

Aussi de tout temps, dès l'antiquité (où le cavalier, homme de caste plus élevée que le fantassin, doit être d'un cœur généreux), la cavalerie combat fort mal ou très peu.

Il est à remarquer que la cavalerie germaine ou gauloise fut toujours meilleure que la cavalerie romaine, qui ne pouvait tenir devant elle et pourtant était mieux armée. — D'où cela? C'est que, dans la cavalerie, la décision, l'impétuosité, le courage même aveugle a plus de chance que dans l'infanterie. Une cavalerie battue, c'est une armée moins brave.

Il était plus facile aux Gaulois d'être bonne cavalerie qu'à nous, ils n'avaient pas à se distraire du feu par la charge.

Même, quand vous marchez en avant, vous éprouvez l'action morale de l'ennemi, mais vous essayez de la dominer et de la faire plier sous l'ascendant de la vôtre. Il est certain que tout ce qui diminue l'action morale de l'ennemi sur vous augmente votre résolution à marcher en avant.

Une armure, en diminuant de moitié l'action matérielle à subir, diminue de moitié l'action morale (la peur) à dominer, et l'on comprend combien cette armure, à un moment donné, ajoute à l'action morale d'une cavalerie, puisque l'on est sûr que, grâce à cette armure, l'ennemi arrivera jusqu'à vous.

Les cuirassiers de l'Empire, les *braves cuirassiers*, chargeaient au trot, au petit galop, dit-on ; ceci est l'indice d'un moral supérieur que l'on n'eût certes pas eu sans la cuirasse.

Les cuirassiers n'ont besoin que de la moitié du courage des dragons pour charger à fond (ont à dominer une action morale moitié moindre) ; et comme ils en ont autant — ce sont les mêmes hommes — on est en droit de compter sur leur effet.

La nécessité de la cavalerie cuirassée a été démontrée par une observation morale.

« La décadence de la cavalerie, dit le général Renard, fit disparaître les carrés des champs de bataille au XVIIe siècle. » Non point la décadence de la cavalerie, mais le renoncement à la cuirasse et le perfectionnement de l'engin de l'infanterie donnant un feu plus rapide. — Quand les cuirassiers enfoncent, ils servent d'exemple et, l'émulation s'en mêlant, d'autres une autre fois veulent en faire autant qu'eux.

A propos de cuirassiers et de moral. — Au combat de Renty, en 1554, le sieur de Tavannes (le maréchal), avec sa compagnie bardée des premières bardes d'acier qui s'étaient vues, soutenu par quelques centaines de fuyards ralliés, se lance en tête et en flanc sur une colonne de 2000 reîtres qui a culbuté jusqu'à ce moment infanterie et cavalerie. — Il a si bien choisi son temps qu'il rompt et emporte les 2000 reîtres, lesquels se renversent sur 1200 chevau-légers qui les accompagnaient comme soutien, les rompent, et... de là fuite générale, combat gagné.

Le lieutenant Hercule va traverser l'Alpon avec 50 cavaliers, à 10 kilomètres sur le flanc des Autrichiens, à Arcole, et cette position, qui nous tient depuis trois jours, est évacuée (effet moral, sinon tactique, stratégique ; général ou soldat, l'homme est le même).

Il est à remarquer que, lorsqu'une troupe arrive (chose infiniment rare) à en attendre une autre à l'arme blanche et que celle-ci va jusqu'au bout, la première ne se défend pas. C'est le *cædes* des combats antiques, si l'on n'a les chevaux les plus rapides.

L'homme, dans le combat moderne, qui tient à si

longue distance les combattants, on arrive à avoir horreur de l'homme; il ne l'aborde plus qu'à son corps défendant, que forcé par quelque nécessité de rencontre fortuite, et encore! On peut dire qu'il ne cherche à atteindre le fuyard que par crainte que celui-ci ne se retourne.

Il y a un fait matériel dans la poursuite de cavalerie par cavalerie. Le poursuivi ne peut s'arrêter sans se livrer au poursuivant, qui voit sur qui il marche et, à l'arrêt et demi-tour de celui-là, le peut frapper avant qu'il soit complètement de face, le frapper par surprise par conséquent. Et le poursuivi ne sait en outre combien le poursuivent. S'il s'arrête seul, deux peuvent courir sus, car ceux-ci voient devant eux et se dirigent naturellement contre qui tend à faire volte-face, car avec le volte-face naît pour eux le danger, et la poursuite n'est souvent que la crainte du volte-face de l'ennemi.

Ce fait matériel de ne pouvoir ensemble faire volte-face dans la fuite sans risquer d'être surpris, jeté bas, fait la fuite sans arrêt, même des braves, des plus braves, jusqu'à ce qu'une avance suffisante, un abri, un soutien, permette le ralliement et le retour en avant, devant lequel la poursuite devient fuite à son tour.

C'est pourquoi toute cavalerie tient si fort à attaquer sur front égal, parce que, si l'on cède devant elle, les ailes qui la déborderaient peuvent converser pour se mettre à sa suite, et de poursuivante la faire poursuivie.

Mais l'effet du moral, de la résolution est tel que rarement on a vu cavalerie enfonçant et poursuivant le centre d'une cavalerie plus nombreuse être à son tour poursuivie par les ailes ; mais l'idée que l'on peut être ainsi pris de revers, le fait de laisser sur ses flancs des gens pouvant le faire, *rend cette résolution* des plus rares.

La cavalerie moderne, comme la cavalerie antique, n'a d'action réelle, mais celle-là décisive, que sur les troupes ébranlées déjà, sur une infanterie occupée contre l'infanterie… sur de la cavalerie ébranlée par l'artillerie ou par des démonstrations de front ; alors son action est certaine et donne des résultats immenses. Toute une journée vous vous êtes battus, vous avez 10 000 hommes à bas, l'ennemi tout autant ; votre cavalerie poursuit et en prend 30 000, etc.

Son rôle est moins chevaleresque que son nom et sa physionomie, moins que celui de l'infanterie ; elle perd toujours beaucoup moins de monde. Il faut prendre son parti de la réalité. Sa plus grande action est l'action de la surprise, et c'est par elle qu'on obtient les plus étonnants résultats.

Jomini parle de charges au trot contre de la cavalerie lancée au galop, et cite Lasalle, qui en agissait souvent ainsi et qui, voyant la cavalerie ennemie accourir au galop, disait : « Voilà des gens perdus. » Jomini fait de cela une affaire de choc. Le trot permet l'union, la compacité, que le galop désunit. Tout cela peut être vrai, mais affaire d'effet moral avant tout. Une troupe lancée au galop qui voit arriver à son encontre un escadron bien serré, au trot, est étonnée d'abord d'un aplomb semblable; par l'*impulsion matérielle* supérieure du galop, il va la culbuter! Mais point d'intervalles, point de trous par où passer en perçant la ligne pour éviter le choc, le choc qui brise hommes et chevaux; ces hommes sont donc bien résolus que leurs rangs serrés ne permettent à aucun de s'échapper par demi-tour, et s'ils vont d'une allure si ferme, c'est que leur résolution est ferme aussi et qu'ils n'éprouvent pas le besoin de s'enlever, de s'étourdir eux-mêmes par la vitesse effrénée du galop abandonné.

Tous ces raisonnements, les cavaliers lancés au galop ne les font pas, mais d'instinct ils les sentent; ils comprennent qu'ils ont devant eux une *impulsion morale* supérieure à la leur, et les hommes se troublent, hésitent, les mains instinctivement détournent les chevaux. Il n'y a plus de franchise dans l'attaque au galop, et si quelques-uns vont jusqu'au bout, les trois quarts ont essayé déjà d'éviter le choc; il y a désordre complet, démoralisation, fuite, et alors commence la chasse au galop pour les chargeurs au trot.

La charge au trot exige des chefs et des soldats pleins de confiance et de solidité. Ce n'est que l'expérience des combats qui peut donner cette trempe à tous. Mais cette charge, étant effet de moral, ne saurait toujours réussir : c'est affaire de surprise. Déjà Xénophon recommande, dans ses conseils pour les démonstrations de cavalerie, de faire souvent l'inverse de l'habituel, de prendre le galop à ce moment où l'on est habitué à prendre toujours le trot, et réciproquement. Parce que, dit-il, quelque chose que ce soit, agréable ou terrible, moins on l'a prévue, plus elle cause de plaisir ou d'effroi. Cela ne se voit nulle part mieux qu'à la guerre, où toute surprise frappe de terreur ceux mêmes qui sont de beaucoup les plus forts. En thèse générale, il faut à la charge le galop, l'allure entraînante, enivrante pour les hommes et les chevaux, et pris à telle distance qu'il faille arriver et quand même, quoi qu'il en coûte aux hommes et aux chevaux. Voilà pourquoi les règlements veulent que la charge soit commandée de si près, et ils ont raison. Si les cavaliers attendaient qu'on la *commandât*, ils arriveraient toujours... Mais les gens de prouesses et les gens qui ont *amour-propre et peur* ont fait manquer plus de charges contre des gens solides qu'ils n'en ont, selon eux enlevées, selon moi laissé réussir contre des troupes ordinaires. — Le maintien de son monde en sa main jusqu'au commandement (ou sonnerie) de : *Chargez!* l'instant précis de ce commandement, sont à la fois choses si difficiles et si fugitives, elles exigent chez le chef une domination si énergique sur son monde et un coup d'œil si rapide à un moment où les trois quarts n'y voient plus, que les bons chefs de cavalerie, des vrais chefs d'escadron au général, sont très rares, et les charges réelles de même.

Le choc franc n'existe jamais. L'impulsion morale d'un des adversaires renverse presque toujours l'autre d'avance, un peu plus loin, un peu plus près, cet un peu-plus-près fût-il le nez-à-nez ; avant le premier coup de sabre, une des deux troupes est déjà battue et s'enchevêtre pour la fuite. Par le choc franc, tous seraient lancés en l'air.

Pourquoi Frédéric aimait-il avoir le centre des escadrons serrés à les faire crever? C'est qu'il y trouvait une garantie contre l'homme et contre le cheval.

Une charge réelle de part et d'autre serait une extermination mutuelle, et dans la pratique le vainqueur ne perd presque personne.

On cite, après Eckmühl, pour un cuirassier français à bas, quatorze cuirassiers autrichiens tombant frappés au dos. Est-ce seulement parce qu'ils n'avaient pas de dos de cuirasses? Non; c'est plutôt parce qu'ils ont présenté le dos pour recevoir les coups.

Pourquoi faut-il des cuirassiers? Parce qu'eux seuls ont chargé et chargent à fond.

Les hommes ne demandent qu'à se distraire du danger qui s'avance par le mouvement. Les cavaliers qui vont à l'ennemi, si on les laissait faire, partiraient au galop, quitte à ne pouvoir arriver ou à arriver éreintés (matière à carnage, même pour des Arabes, comme cela est arrivé, en 1864, à la cavalerie du général Martineau). Le mouvement rapide trompe l'angoisse, qu'il est naturel de vouloir abréger; mais les chefs sont là, auxquels l'expérience, le règlement ordonnent d'aller lentement, puis d'accélérer progressivement l'allure, de manière à arriver avec le maximum de vitesse : le trot, puis le galop, puis la charge. Mais il faut du coup d'œil pour mesurer l'espace, la nature du terrain, et, si l'ennemi vient au-devant, pour juger du point où l'on doit se rencontrer. Plus on approche, plus grande est dans les rangs la pression morale. La question d'arriver au moment de la plus grande vitesse n'est pas seulement question mécanique, puisqu'on ne se choque à vrai dire jamais; c'est une question morale. Il faut savoir sentir à quel moment l'inquiétude de son monde exige l'enivrement de la tête baissée, du galop de charge. Un instant trop tard, et l'angoisse trop grande a pris le dessus et fait agir sur les chevaux les mains des cavaliers; le départ n'est pas franc, nombre se dissimulent et restent en arrière. Un instant trop tôt, et avant l'arrivée, la vitesse se ralentit ; l'animation, l'enivrement de la course, chose d'un instant, s'épuise avec elle, l'angoisse reprend le dessus, les mains agissent instinctivement, et, si le départ a été franc, l'arrivée ne l'est plus.

Frédéric, Seidlitz, applaudissaient quand ils voyaient le centre de l'escadron chargeant pressé sur trois et quatre rangs de profondeur. — C'est qu'ils comprenaient que de ce centre pressé les premiers rangs ne pouvaient s'échapper de droite ou de gauche, et qu'ils étaient forcés d'aller droit.

Pour aller se ruer comme béliers, même contre l'infanterie, hommes et chevaux doivent avoir bu (cavalerie Ponsomby, à Waterloo). Et si jamais, entre cavalerie, on se rencontre, le choc est à ce point amorti par la main des hommes, le cabré des chevaux, l'évité des têtes, que c'est un arrêt face à face.

Si les Anglais ont presque toujours tourné bride devant notre cavalerie, cela prouve que, assez forts pour tenir devant impulsion morale de l'infanterie, ils ne l'étaient pas assez pour tenir devant impulsion plus forte de cavalerie.

Nous devrions être bien meilleurs cavaliers que

bons fantassins, parce que le propre de la cavalerie est une téméraire impétuosité. Tout cela est vrai pour les soldats. — Le chef de cavalerie doit employer cette témérité sans hésitation, et en même temps prendre ses mesures pour la soutenir et prévoir ses défaillances. — L'attaque toujours, même dans la défensive, est un indice de résolution et donne de l'ascendant moral. Son effet est plus immédiat sur la cavalerie, parce que les mouvements de cavalerie sont plus rapides et que leur rapidité ne laisse pas aux effets moraux du combat, de l'attaque, le temps d'être modifiés par la réflexion.

Dès l'Empire, l'opinion des armées européennes est que la cavalerie n'a point donné les résultats que l'on en devait attendre, n'en a point donné de vraiment grands, parce que manquait, et chez nous et chez les autres, un vrai général de cavalerie. — C'est, il paraît, un phénomène qui ne se produit pas tous les mille ans.

A Crasnoë, 14 août 1812, Murat, à la tête de sa cavalerie, ne peut entamer un corps isolé d'infanterie russe de 10 000 hommes qui le tint toujours éloigné par son feu, et se retire tranquillement à travers la plaine. Et cependant la cavalerie, pour qui sait s'en servir, est un terrible appoint. — Qui peut dire qu'Epaminondas, sans sa cavalerie thessalienne, eût vaincu Sparte deux fois?

Faute d'étudier le moral et parce que l'on s'en prend toujours à la lettre des narrés des historiens, chaque époque se plaint que l'on ne voit plus les rencontres de deux cavaleries se chargeant et combattant à l'arme blanche ; on se plaint que la prudence fasse tourner le dos au lieu d'aller jusqu'au choc avec l'ennemi. — Ces plaintes étaient faites dès l'Empire, et chez les alliés, et chez nous. Il en a toujours été ainsi, à moins que l'homme ne fût invulnérable et que l'allure fût au plus le trot (l'homme ne change pas). — Et l'on regrette la chevalerie, temps où moins encore qu'aujourd'hui les combats de cavalerie à cavalerie étaient meurtriers.

CHAPITRE VIII

CHARGE. — TACTIQUE. — ARMEMENT

Charge. — La cohésion et l'ensemble faisant la force de la charge, on s'explique, l'alignement étant impossible à une allure vive où les plus vites dépassent les autres, comment il ne faut lâcher la bride que *lorsque l'effet moral est produit*, et qu'il s'agit de le compléter en tombant sur l'ennemi déjà en désordre, en train de tourner le dos. Ainsi chargeaient les cuirassiers au trot. Ce calme, cet aplomb faisaient faire demi-tour à l'ennemi, et alors *on chargeait* celui-ci dans le dos, au galop alors.

C'est bien certainement la nécessité d'entraîner, d'étourdir l'homme et le cheval au moment suprême, qui commande le galop abandonné avant d'aborder l'ennemi, avant de l'avoir mis en fuite.

L'attaque en colonne sur l'infanterie a une action morale plus grande que la charge sur une ligne; le 1er, le 2e escadron repoussés, l'infanterie, qui dans la fumée en voit apparaître un troisième, se demande quand cela finira-t-il? et branle au manche.

Une simple observation suffit pour démontrer que deux troupes de cavalerie ne s'abordent jamais; les combats de cavalerie contre infanterie sont seuls meurtriers.

Un militaire, acteur de nos grandes guerres, recommande comme infaillible contre l'infanterie en rang les charges par le flanc, un cheval après l'autre, de la cavalerie arrivant de gauche, rasant le front, renversant les armes et pointant à sa droite. — Ce cavalier a raison. — Ces charges doivent être excellentes, les seules meurtrières, puisque la cavalerie ne peut frapper qu'à sa droite et que *chacun frappe*. Contre l'infanterie antique, elles eussent été aussi bonnes que l'infanterie moderne. — Cet officier en a vu, de ses yeux vu, des exemples très beaux dans les guerres de l'Empire. Et je ne mets en doute ni son raisonnement, ni les faits qu'il cite.

Mais, pour ce faire, il faut des chefs inspirant à leur monde absolue confiance; il faut des soldats solides et pleins d'expérience, il faut en somme une cavalerie excellente, formée par de longues guerres, et des hommes, des chefs et des soldats, en somme, d'une si ferme résolution qu'il n'est rien d'étonnant que les exemples de ce mode d'action soient rares. Ils le seront éternellement. Il faut toujours une tête de charge, tête isolée, et, quand *il s'agit d'arriver pour de vrai*, la tête rentre dans le rang. Il semble que, perdu dans la masse, on risque moins qu'isolé; on veut bien charger, mais tous ensemble. Clochette du chat! qui l'attachera?

A Waterloo, notre cavalerie s'est fait éreinter sans résultat aucun, parce qu'elle agissait sans artillerie, sans infanterie.

A Solférino, le 72e a été bousculé par la cavalerie.

Pourquoi le colonel A... ne demande-t-il pas l'ordre profond pour la cavalerie, lui qui croit à la pression des derniers rangs sur le premier? Est-ce parce qu'enfin on s'est convaincu que le premier rang seul peut agir dans une charge de cavalerie, et que ce rang ne peut recevoir des autres placés derrière lui aucune impulsion, aucune augmentation de célérité?

Des charges au galop de 3, 4 kilomètres supposent des chevaux d'airain.

Un cheval de dragon porte en campagne, avec des vivres pour un jour, 140 kilos, sans vivres ni fourrage 126 kilos.

Comment dans ces conditions peut-on maintenir les chevaux et obtenir d'eux la vitesse?

Toujours la fin, non les moyens; mettez un quart de vos cavaliers en muletiers, un quart de vos chevaux en bête de bât, et vous y gagnerez pour les trois quarts restants une vigueur dont vous ne vous doutez pas. Mais ces convois? Vous les avez en chevaux blessés, après huit jours de campagne.

Sans exception, tous les écrivains parlant de cavalerie vous disent que la charge à fond de deux cavaleries à l'encontre l'une de l'autre, et le choc à toute vitesse, n'existent jamais.

Toujours, avant le choc, l'une faillit, tourne le dos, sinon il y a arrêt mutuel nez à nez. Que devient donc le MV^2? Si ce fameux MV^2 est un vain mot, pourquoi donc écraser vos chevaux sous des colosses (oubliant que dans la formule il y a M et V^2)? Dans une charge, il y a M, il y a V^2, il y a ceci, il y a cela; il y a — IL Y A RÉSOLUTION — et, je crois, vraiment rien de plus.

Ne jamais faire aux officiers, aux soldats de cavalerie des démonstrations mathématiques de la charge, qui ne sont bonnes qu'à ébranler la confiance ; car le raisonnement mathématique montre un écrasement mutuel qui n'a jamais lieu. Leur montrer le réel. Lassalle avec sa charge au trot toujours victorieuse se gardait bien de raisonnements pareils, qui lui eussent *démontré* qu'une charge au trot de cuirassiers *doit être* enfoncée par une charge au galop de hussards.

Il leur disait simplement : Allez *résolument*, et soyez *sûrs, certains*, que jamais vous ne trouverez casse-cou assez décidés pour vous heurter. Il faut être casse-cou pour aller jusqu'au bout. Le Français est plus casse-cou que personne ; et c'est pour ce qu'il est bon cavalier de combat quand ses chefs eux-mêmes sont casse-cou, qu'il est le meilleur de l'Europe quand, en outre, ses chefs ont un peu de tête, ce qui ne gâte jamais rien.

La formule de cavalerie est :

R résolution et R et toujours R $>$ tous les MV^2 du monde.

Varnery ne veut pas d'officiers en tête de charge ; il est inutile de les faire tuer avant les autres ; il a raison. Il n'en mettait pas devant ; sa cavalerie était bonne.

Xénophon : « Quelque chose que ce soit, ou agréable ou terrible, moins on l'a prévue, plus elle cause de plaisir ou d'effroi. Cela ne se voit nulle part mieux qu'à la guerre, où toute surprise frappe de terreur ceux mêmes qui sont de beaucoup plus forts.

« Mais quand deux armées se trouvent en présence ou séparées par des champs, alors se font les escarmouches de cavalerie, les passades, les voltes pour arrêter et poursuivre l'ennemi, après lesquelles il est d'usage que chacun parte lentement et ne se lance à toute bride que vers le milieu de la course. Or si, ayant commencé d'abord à l'ordinaire, on fait de suite le contraire et qu'on parte de vitesse aussitôt après la volte, soit pour fuir, soit pour atteindre, c'est de cette manière qu'on pourra, avec le moins de risque possible, nuire le plus à l'ennemi, chargeant de toute sa vitesse, tandis qu'on est près des siens, et détalant de même pour s'éloigner de la ligne ennemie. Si même il y avait moyen dans ces escarmouches de laisser en arrière (charge en colonne), sans qu'ils fussent aperçus, quatre ou cinq hommes de chaque division, des plus braves et des mieux montés, ceux-ci auraient bien de l'avantage pour tomber sur l'ennemi au moment où il fait la volte. »

(Xénophon ne parle pas de bouclier, mais de brassard au bras gauche.)

Tactique. — Pour que la cavalerie française soit la meilleure cavalerie de l'Europe, et une cavalerie réelle et bonne, il lui suffit d'une chose : se laisser aller au tempérament national, oser, oser, aller de l'avant !

Se faire prendre quelquefois, c'est le métier de la cavalerie légère ; on n'a de nouvelles de l'ennemi qu'en le voyant de près. Un homme qui s'échappe suffit. Si nul ne revient, on est encore instruit.

Mais la cavalerie est un bijou qu'on a peur de casser. Ce n'est qu'en cassant cependant...

La cavalerie manœuvre sur le champ de bataille. — Pourquoi ? — Parce qu'elle le peut faire rapidement et surtout parce qu'elle le peut faire loin du feu de l'infanterie, sinon toujours de l'artillerie.

La manœuvre étant la menace, étant d'un grand effet moral, le général de cavalerie qui *sait manœuvrer* fait beaucoup pour le succès. Il arrête l'ennemi en mouvement et indécis de ce que veut tenter la cavalerie ; il lui fait prendre telle ou telle formation qui le tient sous le feu de l'artillerie (de l'artillerie légère, surtout si le général sait en user), plus ou moins longtemps, ce qui hâte sa démoralisation et permet de l'aller joindre, etc.

Avec la puissance de destruction des engins modernes, la marche en avant sous le feu, marche qui toujours vous force à diminuer, sinon à cesser le vôtre, devient presque impossible et donne l'avantage à la défensive.

Cela est tellement évident, que celui-là serait insensé qui n'en serait convaincu.

Que faire alors ? Rester à se canarder et canonner

à distance jusqu'à épuisement de munitions. Peut-être! Mais pour sûr cet état de choses ramène « la nécessité des manœuvres ». Plus que jamais auront d'importance les manœuvres à longue distance tendant à forcer l'ennemi à changer, à quitter sa position. Qui manœuvre plus rapidement que la cavalerie? Voilà son rôle.

Le perfectionnement excessif des engins ne permet plus, pour ainsi dire, que l'action individuelle dans le combat, l'éparpillement. Et d'autre part il rend toute leur puissance aux effets d'ensemble, aux manœuvres hors portée de forces assez imposantes pour effrayer l'ennemi sur ses flancs et ses derrières.

L'engagement de cavalerie dure un instant. — Il faut se retourner de suite. Avec des appels à chaque ralliement, on échappe moins au chef, quoi qu'il en semble, que dans l'infanterie, où, une fois engagé, on a peu de répit.

La retraite de l'infanterie est toujours plus difficile que celle de la cavalerie. — Ceci est naïf. Une cavalerie repoussée et ramenée en désordre est un accident prévu, ordinaire; elle va se rallier au loin, et souvent reparaît avec avantage. — On peut presque dire, d'après ce qui se passe, que tel est son rôle. Une infanterie repoussée, surtout si la cavalerie s'en mêle, est désorganisée souvent, toujours même si l'action a été chaude, pour le reste de la journée.

Les auteurs mêmes qui viennent vous dire que jamais deux escadrons ne se choquent vous écrivent à satiété : La force de la cavalerie est dans le choc. — Dans la terreur du choc, oui. — Dans le choc, non. — Dans la résolution donc et rien de plus. Affaire de moral, non de mécanique.

A la longue, les coups de feu et de canon assourdissent le soldat : la fatigue le prend; il devient inerte, n'entend plus les commandements. — Si la cavalerie se présente inopinément, il est perdu. La cavalerie triomphe par son seul aspect (Bismark ou Decker).

Les canons rayés, les fusils de précision, ne changent en rien la tactique de la cavalerie. Ces armes, le mot de précision l'indique, n'ont d'effet qu'autant qu'il y a précision dans toutes les conditions du combat, du dosage au pointage, et, celles de la distance manquant, leur effet est manqué, et la précision de la distance est impossible sur une troupe en mouvement, et le mouvement est l'essence de la cavalerie. — *Du reste, les armes rayées tirent sur tout le monde.*

Ce qui arrivera du perfectionnement des armes de jet pour la cavalerie comme pour l'infanterie, et il n'y a pas de raison qu'il en soit autrement pour la cavalerie, c'est que l'on fuira de *plus loin* devant elle, et rien de plus.

Le cavalier court au travers du danger, le fantassin y marche, et voilà pourquoi (si l'on arrive, ce qui est probable, à l'appréciation des distances) le cavalier ne verra point, loin de là, diminuer son rôle avec le perfectionnement du tir à longue portée. Le fantassin n'arriverait jamais seul; c'est le cavalier qui menacera, fera diversion, troublera, fera éparpiller les corps, arrivera souvent même en terrain propice s'il est bien soutenu; le fantassin occupera comme toujours; mais plus que jamais dans l'attaque il aura besoin de l'aide de cavaliers. — Qui saura user de sa cavalerie avec audace sera infailliblement vainqueur.

Le résultat le plus probable de l'artillerie actuelle sera d'augmenter l'éparpillement dans l'infanterie et même dans la cavalerie. Celle-ci peut partir en tirailleurs de très loin, pour se rallier en avançant près du but; elle sera plus difficile à conduire, mais ceci est à l'avantage des Français.

Une cavalerie unique? Laquelle? — Si tous nos hommes peuvent porter la cuirasse et faire en même temps le métier fatigant de cavalerie légère, si tous nos chevaux peuvent en outre porter cuirassiers pour ce métier, je comprends que l'on n'ait que des cuirassiers. Mais je ne comprends pas qu'on supprime, de gaieté de cœur, le moral donné par la cuirasse pour n'avoir qu'une cavalerie sans cuirasse.

Le chevalier se bardait complètement lui-même et son cheval en partie; il ne pouvait charger qu'au trot.

A l'apparition des armes à feu, la cavalerie, comme le dit un auteur contemporain (général Ambert), se couvrit plutôt d'enclumes que de cuirasses. C'était la seule arme essentielle. Lorsque, par suite des progrès de l'infanterie et de la tactique, il fallut plus de mobilité, lorsque les armées permanentes furent organisées par l'État, celui-ci, qui se souciait moins de la peau des gens que de l'économie et de la mobilité, ne conserva guère de cuirassiers.

La cavalerie de Frédéric ne faisait ordinairement que des pertes insignifiantes. Effet de sa résolution.

Frédéric se plaisait à dire que 3 hommes derrière l'ennemi valaient mieux que 50 devant. Effet moral.

Le champ de l'action est bien plus vaste aujourd'hui qu'au temps de Frédéric. Les combats se passent en terrains plus accidentés (car les armées plus mobiles ne recherchent pas un terrain plutôt qu'un autre).

Le général de cavalerie forcément y voit moins clair. La vue a ses limites. Les grands généraux de cavalerie sont plus rares, et Seidlitz ne pourrait, sans doute, en face des perfectionnements du canon et du fusil, renouveler ses prodiges. Mais il y a toujours à faire, et je crois qu'il y a beaucoup à faire, et d'autant plus que l'on croit qu'il y a moins.

Pour la cavalerie, plus que pour l'infanterie, car son essence est de s'aventurer plus loin, de prêter le flanc davantage; par conséquent, il y a nécessité de réserves pour parer les flancs et le dos; il y a nécessité de réserves pour couvrir, soutenir les poursuivants, qui presque toujours, à leur tour, sont poursuivis au retour.

Plus que dans l'infanterie, aux dernières réserves intactes est la victoire.

Donc toujours des réserves et toujours de l'audace. Alliez ces deux choses, et nul ne tient devant vous.

Avec de l'espace, une cavalerie se rallie vite. En colonne profonde, elle ne peut y arriver.

Puisque, de cavalerie à cavalerie, il y a peu de pertes, c'est qu'il y a peu de combat.

Les Numides d'Annibal, les Cosaques de la Russie, inspiraient une vraie terreur par leurs incessantes alertes, et ils éreintaient sans combat et tuaient par surprise.

On discute un rang, deux rangs pour la cavalerie; encore affaire de moral. Laissez le choix, la liberté du choix, et, suivant la confiance ou le moral, on prendra un ou deux rangs; il y a assez d'officiers pour cela.

Extrait de Folard : « Il n'y a rien qu'un officier ne puisse tirer de la valeur d'une cavalerie composée de cavaliers qui ont de la confiance en leurs chevaux, qu'ils savent bons et vigoureux, et qui joignent à ces avantages des armes excellentes. Une telle cavalerie enfoncera les plus gros bataillons si l'officier a assez d'habileté pour connaître sa force et assez de courage pour la mettre en œuvre… »

Enfoncer ne suffit pas, et c'est une prouesse qui coûte plus cher qu'elle ne vaut si l'on ne tue ou fait prisonnier le bataillon ; à moins que l'on ne soit immédiatement suivi d'autres troupes chargées de cette besogne…

Ce n'est pas dans *Victoires et conquêtes*, ni dans les *Rapports officiels* qu'il faut aller chercher des exemples. C'est dans le témoignage sincère des hommes qui ont agi eux-mêmes et qui en agissant ont vu, chose difficile.

La cavalerie perd toujours beaucoup moins que l'infanterie et par le feu et par les maladies. Ceci explique pourquoi de longues guerres la bonifient beaucoup plus que l'infanterie.

Les raids de cavalerie dans la guerre d'Amérique sont la guerre aux écus, aux travaux d'industrie publique, aux approvisionnements ; ils sont la guerre de destruction de la richesse, non d'hommes ; car on perd peu ou point et on ne tue ou prend guère davantage. La cavalerie est toujours là l'arme aristocratique, qui risque tout (en a l'air du moins, ce qui est bien quelque chose; il faut de l'audace, et ce n'est pas si commun) et qui perd très peu. Le plus mince combat d'infanterie coûte plus à celle-ci (à nombre égal) que le plus beau raid.

Toute troupe, cavalerie, infanterie, qui se porte en avant, doit faire éclairer, reconnaître, et le plus tôt possible, son terrain d'action. Condé l'oublie à Neerwinden; le 57ᵉ l'oublie à Solférino, tout le monde l'oublie, et, faute de quelques tirailleurs ou éclaireurs..., on éprouve des mécomptes, des désastres. Il faut le faire; il faut faire l'appel dans la cavalerie après une charge; dans l'infanterie, au premier répit. On devrait le faire même aux exercices et manœuvres pratiques, non comme un besoin, mais afin que la routine s'en impose et que cet appel à faire ne se puisse oublier au jour de l'action, où très peu songent à le faire...

Armement. — Un colonel de cavalerie légère, jeune, demande que ses chasseurs soient armés de carabines. Pourquoi? Si j'envoie du monde reconnaître un village, je pourrai le faire sonder de loin (7 à 800 mètres) à coups de fusil sans perdre personne. Que répondre à cela?

Décidément, la carabine fait perdre à tout le monde le sens commun.

La cavalerie a un fusil pour s'en servir par exception. Prenez garde que l'exception ne devienne la règle, on l'a vu : témoin le combat de la Sicka, où après une première affaire manquée faute d'élan franc de son régiment de chasseurs d'Afrique qui, après s'être élancé au galop, s'arrête à tirailler, le général Bugeaud, à la deuxième affaire, charge à sa tête pour lui montrer comment on charge.

Quelques auteurs songent à mettre la cavalerie en tirailleurs, à cheval, ou pied à terre, le cheval tenu par la bride. Cela me paraît une grave erreur. Si le cavalier tire, il ne charge plus. L'Afrique tant citée à ce sujet prouve précisément la chose.

Deux pistolets ou un revolver vaudraient mieux.

De la pointe. — Le coup de pointe est plus terrible que toute taille ; vous ne vous préoccupez pas du bras levé qui vous menace, vous plongez ; mais il faut, pour cela, que le cavalier soit bien persuadé, par ses officiers, par ceux qui ont expérience (s'il y en a après une longue paix), que parer une taille verticale est du péril, sans compter que c'est peu facile. — En cela, comme en tout, l'avantage est au plus brave. — Toute charge de cavalerie est avant tout affaire de moral. Elle est identique en ses moyens, en son action, à la charge d'infanterie. Toutes les prescriptions de la charge (pas, trot, galop, charges, etc.) ont une raison morale, et ces raisons, je les ai déjà dites.

Les cavaliers siks de M. Nolan ont des lames de dragons par eux emmanchées; ils y vont de la taille, ils ne savent aucune escrime et ne s'y exercent pas; il suffit d'un sabre bon et d'une bonne envie de s'en servir, disent-ils. C'est vrai.

Il est facile de démontrer que le maniement du sabre est une aussi bonne plaisanterie que l'escrime à la baïonnette prise au point de vue d'une utilité, d'un usage efficace dans le combat.

Manier le mousqueton est une autre plaisanterie (ne voit-on pas parfois faire faire quand même du maniement d'arme réglementaire à des spahis?).

Il n'y a qu'une chose sérieuse pour le cavalier : être solide à cheval. — On doit le mettre à cheval, et des heures entières, chaque jour, dès son arrivée au corps; et si l'on veut n'oublier dans les contingents *absolument* personne, n'importe la taille, connaissant le cheval, le connaissant peu ou prou, pour en faire un cavalier, l'éducation pratique du grand nombre (non l'éducation pédantesque et composée de l'écuyer) sera bien plus rapidement faite.

Les manœuvres faites à pied, dans les intervalles d'exercices à cheval, mais faites d'une manière *leste*, *dégagée* (sans s'occuper du *soldat sans armes*), sans *raideur*, avec une rapidité chaque jour croissante, mettront les cavaliers au courant de ces mêmes manœuvres plus rapidement que le mode composé en usage.

Dans toutes les choses de la guerre, nous prenons l'exemple dernier, celui dont nous avons été témoins, et alors nous voulons des lances dont nous ne saurions jamais nous servir, qui font peur au cavalier lui-même, nous ne voulons plus de cuirasses, nous voyons ceci, cela, oubliant que le dernier exemple ne renferme jamais qu'un nombre restreint des données de la question.

Avec la lance, on compte toujours sans le cheval, dont le moindre mouvement fait dévier l'arme si longue. — La lance est une arme effrayante aussi pour celui qui s'en sert à cheval et qui raisonne. — Qu'il embroche un ennemi étant au galop, il est démonté, enlevé de cheval, a le bras arraché par la lance restée au corps de l'ennemi.

Si l'on attend de pied ferme, on oublie toujours que le cheval *voudra fuir*, se dérober devant le *heurt*. — Si l'on va au-devant, autant encore fait le cheval.

On discute toujours entre la lance et le sabre. — La lance exige des cavaliers lestes, vigoureux, des plus solides à cheval, très exercés, très adroits, car l'escrime de la lance est autrement difficile que celle du sabre droit, surtout si celui-ci n'est pas trop lourd ; cette difficulté d'escrime de la lance n'est-ce donc pas la réponse de la question ? Quoi que l'on fasse, de quelque manière que l'on s'y prenne, il faut toujours songer que nos recrues, en temps de guerre, sont toujours versées dans les escadrons comme dans les bataillons, avec une instruction très inachevée, et, si on leur donne des lances, la plupart n'ont que des gaules à la main ; tandis qu'au bout d'un bon poignet le sabre droit est d'un maniement à la fois naïf et terrible.

Nulle cavalerie, à moral égal, ne tiendrait contre une cavalerie armée de fourches, de fourches courtes, sorte de tridents ; on redoute moins de s'en servir que d'une lance, car la fourche ne peut transpercer d'outre en outre, et lâchée après le coup, mais retenue par une courroie, dragonne, comme est retenue la lance, elle se peut retirer du corps, qu'elle perce de six pouces au plus, et n'entraîne pas la chute de celui qui a percé.

La fourche courte, trois pointes courtes. — Juste assez pour tuer, pas assez pour transpercer et restant au corps de l'homme, emporter, renverser le cavalier qui a frappé. — Fourches contre-lances, la lance conduit la fourche qui la relève. — Ceci à l'adresse des amateurs d'escrime à cheval. — Mais la fourche!! Malheureusement ce serait *ridicule, non militaire!!*

OBSERVATIONS

SUR L'EMPLOI DE LA CARABINE ET DES CHASSEURS A PIED

Qu'il faut songer à tirer parti de la carabine.

Si nous n'y prenons garde, il se trouvera que les armes de précision auront été inventées contre nous.

Par tempérament, sang plus vif, susceptibilité nerveuse plus grande, nous avons moins qu'aucun peuple de l'Europe le sang-froid nécessaire au viser ; nous sommes les moins aptes à nous servir des armes de précision.

Les autres infanteries, par sang-froid de tempérament, auront de meilleurs tireurs que l'infanterie française ; leurs soldats, bien plus dociles, s'ils sont moins intelligents, dirigés avec le sens pratique que donne aux chefs l'expérience, sauront tenir contre notre force d'élan, qu'ils auront le moyen d'arrêter ou de ralentir en route. Les armes de précision ont entre leurs mains plus d'efficacité qu'entre les nôtres [1]. Il faut que nous prenions la supériorité et que nous

---

[1]. Le siège de Sébastopol, l'Italie, à l'envers du préjugé général, le prouvent à qui ont vu de près.

allongions d'une manière efficace et réellement protectrice pour elle le tir de notre infanterie.

Les armes portatives ont atteint leur maximum de portée, celle de la vue. La question de la carabine n'est point dans une arme d'une justesse plus ou moins grande, d'un chargement par la culasse ou au maillet; elle est dans le mode d'emploi, et il faut que les premiers nous sachions nous en servir. — Les Anglais ont peut-être pris l'avance. Dans une de leurs expériences, partout citée, de la terrible efficacité de la carabine Ensfield sur un bataillon en panneaux adossés à la mer, *seize hommes seulement tirent*, et leurs cartouches usées sont remplacées par seize autres; et seize est précisément le *groupe maximum* de tireurs postés dont le tir puisse être surveillé par un officier.

Les carabines n'ont, ne peuvent chez nous, avoir d'action réelle que par *groupe de dix à quinze dans les mains* d'un bon officier. Cette artillerie de main, afin d'être commandée par des officiers de choix, des gens aptes, afin d'être composée des meilleurs tireurs de l'armée, doit appartenir aux régiments.

On a des bataillons de carabiniers, chasseurs; on en peut faire des régiments; mais bataillons ou régiments ne nous donneront jamais des tireurs de carabine.

Toutes les recommandations, tous les règlements

en effet sont impuissants à fixer à une troupe un mode exclusif d'action, si la constitution de cette troupe en permet plusieurs. A un moment donné, il n'y a plus de règlement; il n'y a plus que la nécessité du moment aux yeux du chef, qui a ou n'a pas de tact, qui apprécie juste ou de travers. Si l'on veut que telle arme soit employée de cette manière, il faut absolument que sa constitution ne se prête à aucun autre mode d'action. Un corps nombreux de carabiniers, bataillon ou régiment, prêtera toujours à l'action de masse d'infanterie de ligne ou à l'action de tirailleurs, et l'on ne cessera de voir cette chose judicieuse : *les armes de la plus longue portée* [1] *toujours les plus près de l'ennemi.*

Des petits groupes de tireurs perdus dans les corps d'infanterie ne peuvent absolument être employés que comme carabiniers, comme tireurs ; et, de plus, la solidarité qui doit exister entre les différentes armes, et qui s'élude si facilement, est bien plus assurée avec des hommes appartenant aux corps mêmes qu'ils doivent soutenir, aider, de leurs feux à longue portée; on a compte à *rendre aux camarades,* à son chef de bataillon, à son colonel, compte bien autrement sérieux qu'à un chef du moment qui a vu ou n'a pas vu, et trop souvent est arrêté dans le blâme

---

[1]. Ou les meilleurs tireurs, ce qui revient au même.

par la crainte de *blesser une arme* autre que la sienne, laquelle arme a son amour-propre toujours très pointilleux, sinon toujours bien placé ; on devient si vite infaillible quand on est corps spécial [1].

On est mal venu de dire, après les *prouesses* de tir de Sébastopol, d'Italie, que les carabines jusqu'à présent ne nous ont rendu guère plus de services qu'un simple fusil. Pour qui a vu cependant, le fait est vrai. Mais..... Voici comme on écrit l'histoire : Les Russes ont été battus à Inkermann, disent-ils, écrivent-ils, par la longue portée, la justesse des armes de précision des troupes françaises. Or on s'est battu dans des maquis, taillis, par un brouillard épais, et, quand le temps s'est éclairci, nos soldats, nos chasseurs, à bout de munitions, puisèrent dans les gibernes russes amplement pourvues de cartouches à balles rondes et de petit calibre. Dans ces deux cas, il ne pouvait y avoir aucune justesse de tir. — Le fait est que les Russes ont été battus par supériorité d'ascendant moral et que le tir sans viser, au hasard, là comme ailleurs et plus peut-être qu'ailleurs, a eu seul une action matérielle. Nous n'en passons pas moins pour excellents tireurs de carabine, et..... nous aimons autant cela que de l'être en effet.

Il faut cependant que la carabine rende entre nos

---

1. A moins de nécessité dix fois absolue, ne formons pas de corps spéciaux, qui sont autant d'atteintes à la solidarité.

mains tous les services qu'elle peut rendre. Comment? C'est ce que j'essaye d'exposer dans les pages qui suivent, que je pourrais appeler un résumé d'opinions générales dans l'infanterie.

I

Que dans le rang ou en tirailleurs la carabine ne vaut pas mieux que le fusil.

Même de près, dans l'action, le canon peut se bien tirer. Au pointeur abrité en partie par sa pièce, il suffit d'un instant de sang-froid pour pointer droit. Que son pouls batte plus ou moins vite, avec de la volonté, il ne dirige pas moins bien sa ligne de mire ; l'œil tremble peu, et la pièce pointée reste immobile jusqu'au moment du tir.

Le tireur, comme l'artilleur, conserve avec de la volonté la faculté d'ajuster ; mais l'agitation du sang, du système nerveux, s'oppose à l'immobilité de l'arme entre ses mains ; l'arme fût-elle appuyée, *une partie de l'arme participe* toujours à l'agitation de l'homme. Il a de plus une hâte instinctive de lâcher son coup, *qui peut arrêter avant son départ la balle* à lui destinée ; et, pour peu que le feu soit vif, cette sorte de raisonnement vague, bien que non formulé dans l'esprit du soldat, commande avec toute la force, tout l'empire de l'instinct de la conservation même aux plus braves et aux plus solides, qui alors tirent au juger; et le plus grand nombre tire *sans appuyer même l'arme à l'épaule*.

La théorie du champ de tir, d'attendre *que sous la pression progressive du doigt le coup surprenne le tireur*, combien la pratiquent sous le feu [1] !

Un bon tir de main exige donc plus de sang-froid, et par conséquent plus de sécurité, une distance de l'ennemi *relativement* plus grande que le tir du canon ; et c'est précisément toujours dans les circonstances inverses que s'exécute le tir de main.

Ceci suffirait à expliquer comment tout soldat d'infanterie armé de carabine ou de fusil, étant d'après son éducation un bon pointeur au chevalet, au canon, le tir à la guerre des armes portatives, qui toutes actuellement sont, on peut le dire, des armes de précision, donne cependant, *toutes proportions gardées bien entendu*, des résultats si absolument inférieurs à ceux du canon rayé.

Mais ce n'est pas tout ; le pointage de toute arme pourvue d'une hausse, ou qui a diverses règles de tir, est compliqué de l'estimation de la distance. Le canon lance un gros projectile ou des gerbes de balles dont on peut généralement apercevoir l'effet produit sur le

---

1. Notre instruction sur le tir n'est point pratique. Tout y est compassé, ordonné en vue de pour cent superbes en temps de polygone qui se réduisent à rien devant l'ennemi, où nous ne tirons pas mieux qu'avant les écoles de tir.

sol ou sur l'ennemi, et, pour déterminer la hausse, la portée de chaque coup est surveillée par l'œil d'un chef, aidé, s'il est besoin, d'une lunette ou d'un binocle.

L'effet produit par la balle est bien moins facile à constater [1]; mais, le fût-il autant, comment *surveiller la hausse de chaque homme engagé* en tirailleur [2]?

Comment encore la surveiller dans le rang avec l'émotion, la fumée, la gêne du seul feu possible par nos hommes et nos officiers, le feu de deux rangs, feu à volonté, qui n'est que tirerie et dans lequel on serait bien heureux d'obtenir, non pas un tir ajusté, *mais un tir horizontal.*

Il peut être bon d'exposer ici ce que sont les feux d'infanterie, de voir si l'emploi de la hausse est possible dans le combat.

Les feux ordonnés par les règlements sont les feux

---

1. Au polygone de Vincennes, par un temps un peu humide, il est impossible de voir, même avec un excellent binocle, les coups de *salves* répétées de seize carabines tirées sur le sol à une distance de 650 à 750 mètres. A Sébastopol, pendant deux mois, une distance de 1000 à 1200 mètres a été impossible à apprécier avec la carabine, faute de voir les coups portés. Pendant trois mois, il a été impossible de constater par coups portés, bien que l'on ait *suivi tous les échelons de la hausse*, la distance de telle batterie qui n'était qu'à 500 mètres, dominait, et était séparée par un ravin. Après deux mois, on saisit un jour deux coups portés, avec hausse de 500 mètres. Cette distance était estimée par tous plus de 1000 mètres et réellement n'était que de 500; la ville prise, en changeant le lieu d'observation, la chose était manifeste, etc., etc.

2. J'entends, par tirailleurs engagés, des tirailleurs qui répondent à d'autres tirailleurs, ce qui est le cas le plus général.

à commandement, le feu de deux rangs, le feu de tirailleurs.

Dans les feux à commandement, tous les hommes des deux rangs ou d'un même rang *mettent en joue ensemble; tout le monde est parfaitement immobile;* les hommes du premier rang par conséquent ne sont en rien gênés par les mouvements de leurs voisins; les hommes du second rang ne le sont pas davantage, et, le premier rang étant effacé et immobile, ils peuvent mettre en joue dans un créneau libre, dégagé sans plus de gêne que ceux du premier rang.

Le feu s'exécutant *à commandement, simultanément par tous,* nulle arme n'est dérangée au moment du tir par les mouvements des hommes.

Toutes conditions parfaitement favorables à l'action d'ajuster dans le rang; aussi, lorsque sur le champ de tir ces feux sont commandés avec tact et sang-froid par un officier qui a bien dressé son monde (choses rares au polygogne et qui le seraient bien plus à la guerre), ils donnent des résultats supérieurs comme pour cent à ceux du feu de deux rangs exécuté avec la plus grande attention, des résultats parfois étonnants.

Mais ces feux à commandement, par l'extrême sang-froid qu'ils exigent de tous, du chef peut-être encore plus que du soldat, sont impraticables devant l'ennemi, sauf en des circonstances exceptionnelles de choix d'officiers, de choix d'hommes, *de terrain, de longue distance*, etc., etc. En manœuvres même, ils s'exécutent d'une manière ridicule. Il n'est peut-être pas un corps de l'armée où ce ne soient *les soldats qui commandent le feu*, en ce sens que le chef a tellement peur de voir ses hommes prévenir le commandement, qu'il commande le feu au plus vite, les armes à peine en joue, encore en l'air très souvent.

Inutile de parler de l'emploi de la hausse devant l'ennemi pour des feux que tenteraient d'exécuter les mêmes hommes et les mêmes officiers qui manquent si absolument d'aplomb même en manœuvre.

Dans le feu de deux rangs, les hommes se gênent mutuellement. Celui qui charge, celui qui cède au recul de son arme, dérange le coup de celui qui est en joue.

Avec le chargement complet du sac, le deuxième rang n'a plus de créneau, tire en l'air. Sur le champ de tir, en espaçant les hommes au delà des limites de l'ordonnance, en tirant *avec une lenteur extrême*, on obtient de ceux des hommes qui ont du sang-froid et que n'émotionnent pas trop *les coups de feu dans les oreilles, qu'ils laissent passer la fumée*, saisissent l'instant du créneau à peu près libre, qu'ils tâchent en un mot de ne pas perdre leurs coups ; et les résultats comme pour cent offrent beaucoup plus de régularité que ceux des feux à commandement.

Mais, devant l'ennemi, le feu de deux rangs devient en un clin d'œil tirerie au hasard; chacun tire le plus vite possible, c'est-à-dire le plus mal possible. De cela, déjà nous avons donné la raison morale, la *hâte instinctive d'arrêter la balle ennemie*. De hausse dans ce brouhaha, il ne saurait être question.

Le feu de tirailleurs s'exécute généralement contre des tirailleurs. Une troupe en effet ne se laisse pas fusiller par des tirailleurs sans s'empresser de leur en opposer d'autres; et il faut renoncer à l'idée de voir des tirailleurs diriger leur tir sur une troupe protégée par des tirailleurs; c'est demander à des hommes tirant isolément, abandonnés presque à eux-mêmes, un désintéressement impossible que de vouloir qu'ils ne ripostent pas aux coups dirigés contre eux par des tirailleurs rapprochés, afin d'ajuster une troupe lointaine, pour eux inoffensive.

En tirailleurs, les hommes sont très espacés; la surveillance des coups, des hausses est difficile; les hommes sont presque absolument abandonnés à eux-mêmes. Ceux qui ont du sang-froid peuvent essayer de régler leur hausse; *mais encore faut-il voir porter sa balle* et, si le terrain s'y prête, chose rare, *la distinguer de celles tirées en même temps* par les voisins: ceux-ci seront d'autant *plus troublés, tireront d'autant plus vite et plus mal que le combat sera plus sérieux*, l'ennemi plus solide, *et le trouble est plus contagieux que le sang-froid.* — Le but, en somme, est une ligne de tirailleurs, but offrant si peu de surface et *surtout de profondeur*, que le tir au delà du premier but en blanc exigerait pour être réellement meurtrier une connaissance absolument précise de la distance, chose impossible, car cette distance à chaque instant varie par les mouvements des tirailleurs.

Hausse encore donc à peu près inutile.

Tir efficace seulement dans les limites du premier but en blanc [1].

A moins donc de circonstances jusqu'à ce jour rares, exceptionnelles dans nos dernières guerres, d'hommes postés *dans de bonnes conditions de sang-froid sous une intelligente direction*, on peut dire que les armes à hausse n'ont guère servi d'une manière réellement efficace à portée plus grande que celle du premier but en blanc.

Peut-on, doit-on espérer obtenir de tirailleurs engagés, de troupes dans le rang, un tir aux grandes distances répondant à la justesse des carabines, approchant en rien de la formidable précision du canon?

Non; car on ne peut faire que l'homme ne soit l'homme, que le rang ne soit le rang.

---

[1]. Limites qui s'étendent, il va sans dire, à tout l'espace dangereux (la zone dangereuse) situé au delà de cette distance du but en blanc.

A quoi donc bon des carabines?

A tirer *en circonstances se rapprochant précisément des circonstances du canon*, à être les pièces à mitraille des bataillons.

Les carabines ainsi employées peuvent rendre de terribles services et, toutes choses égales d'ailleurs, être un moyen de supériorité dans l'action pour qui saura le premier s'en servir.

II

**Qu'il y a très peu de tireurs de carabine.
Comment on en pourrait augmenter le nombre.**

L'armée a dans ses rangs 20 bataillons, 20 000 hommes armés de carabines de précision [1]. Elle doit sur 20 000 compter grand nombre d'hommes sachant réellement se servir de la carabine, de tireurs dignes d'une arme pareille.

1000 au plus.

La première classe de tireurs d'un bataillon de mille hommes, où le tir s'est fait en toute conscience, sans complaisance aucune, compte 50 hommes au

---

[1]. Je ne compte pas les zouaves, corps d'Afrique exclusivement infanterie légère, qui ne sont pas plus, sont moins que les chasseurs, habiles au tir; plusieurs de leurs colonels, quand ils voulaient un tir efficace, ne prenaient pas une compagnie quelconque, mais formaient un peloton des meilleurs tireurs des compagnies.

plus [1]; et ce qui surtout détermine ce classement, c'est le tir aux grandes distances, le tir qui peut seul justifier l'emploi d'armes de précision à longue portée.

Combien, avec une organisation différente des chasseurs, l'armée pourrait-elle compter de bons tireurs de carabines?

12 à 15 000.

Maintenant ces 1000 tireurs que compte l'armée sont au moins l'objet d'une sollicitude particulière, employés comme doivent l'être des hommes d'une spécialité précieuse et rare.

Loin de là. Les chances de la guerre sont pour ces hommes, perdus dans les rangs des chasseurs, aussi périlleuses, souvent plus, que pour le reste de l'infanterie.

On peut se demander comment sur 20 000 hommes choisis pour le service des armes de précision on n'a que 1000 bons tireurs.

La raison en est simple. Ce choix est fait parmi les hommes des contingents d'après leur aptitude phy-

---

1. Ce chiffre peut paraître exagéré en moins; je crois pouvoir affirmer qu'il ne l'est pas; et, si l'on en déduit les *sous-officiers*, on aurait lieu de s'étonner davantage. Il est plus difficile qu'il ne paraît au premier abord d'obtenir une enquête exacte à cet égard. Presque toujours dans un bataillon, il y a de la part de tous tendance à l'exagération des résultats du tir. La surveillance à cet égard est fort difficile, et, si même le chef veut la vérité, il ne l'obtient pas sans peine.

sique extérieure pour l'infanterie légère, mais sans que l'on puisse tenir compte de leur aptitude au tir, faute de moyens de la reconnaître.

Il est recommandé de choisir, pour recruter les chasseurs, des hommes lestes, vigoureux, de moyenne taille, ayant, si faire se peut, l'habitude des armes à feu. Il se peut si rarement, que cette dernière condition, restreinte par les trois premières, est à peu près illusoire. *Du reste, on naît tireur* [1].

Cette aptitude se reconnaît à l'essai, et voici comment l'éducation classe les chasseurs à pied *en tant que tireurs de carabine :*

15 sont des tireurs mauvais;

3 sont des tireurs passables ou à peu près;

1 seul est vrai tireur.

Faut-il renvoyer les mauvais tireurs dans les régiments? Vu leur nombre, la mesure présenterait des embarras, et ce serait au moins une singulière manière d'encourager le tir dans l'infanterie de ligne. Les plus sérieuses raisons morales du reste s'opposent à semblable mesure.

Faut-il, renonçant au choix immédiat des hommes

---

1. On a certainement vu des hommes, surtout des officiers instructeurs d'école de tir, par des années d'exercice, devenir, de mauvais, des tireurs émérites; mais on ne saurait, à des soldats, sans une énorme consommation de munitions et en les distrayant de tout autre service, donner éducation semblable. Et encore pour la moitié manquerait-on le résultat!

dans les contingents, choisir les chasseurs parmi les soldats des régiments? Mesure inutile à discuter et non moins, sinon plus démoralisante que la première.

Et puis, si l'on choisissait les hommes, ne faudrait-il aussi *choisir les officiers?* — Que faire donc?

Recruter les hommes armés de carabines parmi les meilleurs tireurs des régiments et les laisser dans les régiments.

Supprimer les chasseurs formant corps à part; les remplacer par une compagnie de carabiniers de 35 [1] hommes au grand maximum par bataillon.

III

Comment sont actuellement employés les hommes armés de carabines. Comment les chasseurs à pied n'ont pas de raison d'être; comment au contraire il y a d'excellentes raisons pour les supprimer.

Supprimer les chasseurs?

A quoi sont-ils destinés, ou plutôt, seul moyen d'avoir le mot réel de leur organisation actuelle, comment *les emploie*-t-on?

Par groupes ayant une certaine liberté d'action,

---

1. Je dis 35 et pas davantage, parce qu'il n'en est pas besoin d'un plus grand nombre et parce que si l'effectif devenait plus fort on en ferait bien vite une compagnie d'élite. Et alors, adieu les tireurs! ils deviendraient tirailleurs, etc.

analogue à celle de l'artillerie, à laquelle on montre le but et qui se charge de l'exécution : tantôt occupés à démonter les servants d'une batterie ; tantôt, par des feux à longue distance, préparant comme le canon la marche en avant des troupes ; tantôt postés et démoralisant de loin une attaque qui s'avance ? — Très rarement ; sauf en siège, jamais. Ce mode d'action aurait cependant de sérieux avantages. Mais il exige des tireurs excellents, et nous en avons très peu [1] ; *des officiers intelligents, ayant du coup d'œil, de l'à-propos, du sang-froid, et sous ce rapport les officiers de chasseurs n'offrent pas plus de garantie* [2] *que les*

---

[1]. J'ai entendu citer, à l'encontre de cette assertion, quelques légendes du siège de Sébastopol. Ces légendes seraient toutes vraies, qu'elles ne prouveraient qu'une chose : c'est qu'il y a des bons tireurs parmi les chasseurs, mais non que les chasseurs sont de bons tireurs. Et l'on peut affirmer qu'en Crimée, en Italie, les carabines n'ont pas rendu, loin de là, les services qu'on en devrait obtenir.

[2]. Lorsqu'il y a longtemps que les officiers sont aux chasseurs, la masse, par un esprit de corps étroit et ridicule, finit par se persuader que l'uniforme des chasseurs, quelques modifications sans portée (*sauf cependant, soit dit en passant, cette modification de détail, presque rien, le transfert du port d'armes de la main gauche dans la main droite, qui avance d'un mois l'éducation du fantassin*) aux manœuvres de la ligne, un sabre-baïonnette, un fourreau de tôle au flanc de leurs hommes, les ont transformés, eux officiers, en gens de grand mérite. Partant, point de travail et point de réflexion ; ignorance souvent, très souvent, des plus grandes et des plus singulières de ce qui fait en partie leur vanité, de leurs manœuvres, de leur métier de tirailleurs. Il doit en être de même du reste, dans *toute troupe d'élite où le soldat seul est choisi, l'officier non renouvelé.* Cette observation devient singulièrement frappante lorsqu'une formation met en présence, en comparaison, dans le même corps, les anciens officiers et ceux qui viennent de la ligne.

officiers de l'infanterie de ligne. Ils ne sont pas choisis.

Les chasseurs du reste forment des corps trop nombreux, trop consistants, pour n'avoir que ce rôle. D'un côté, les chefs de bataillon préfèrent (si ces corps d'élite étaient des régiments, les colonels préféreraient), et la chose est naturelle, l'action de masse de tout ou partie de leur bataillon (ou régiment) à l'action par groupes, dans laquelle ils n'ont point de rôle. D'un autre côté, par cela seul que les chasseurs sont infanterie légère, — c'est leur nom, — les généraux leur font faire plus exclusivement le métier de tirailleurs, flanqueurs, avant-garde, parce qu'ils sont troupe d'élite et d'élan, leur confient les coups de main, les lancent en tête de colonne [1]. Deux motifs d'être usés vite.

Au commencement d'une campagne, on avait quelques tireurs; à la fin, on n'en a plus; on avait une troupe d'élite, on l'a réduite à rien, et ses hommes sont difficiles à remplacer.

Mais ce ne sont là que les inconvénients matériels de l'emploi des chasseurs comme infanterie légère. Les inconvénients moraux sont plus graves.

En effet, une infanterie légère choisie dans la crème

---

[1] Des hommes pourvus d'armes de précision et de longue portée toujours les plus près de l'ennemi ! Il y a là une singulière contradiction ; et cependant, avec l'organisation en corps à part et nombreux (bataillons ou régiments) des chasseurs, il ne peut en être autrement.

des contingents aux dépens de l'infanterie de ligne, par ce fait troupe d'élite, toujours la première à l'ennemi, produit sur *le reste de l'infanterie un effet moral pernicieux à l'émulation.*

A force de faire des corps d'élite, on finit par n'en plus avoir.

Le choix après épreuve, s'il n'est pas trop nombreux, peut être un stimulant ; les choisis, on les connaît, on se dit : Je les vaux bien ; demain on peut être choisi soi-même.

Mais le choix par avance des hommes les plus forts, des poitrines les plus larges, signes d'une résistance plus grande, d'un tempérament plus généreux, tue l'amour-propre de ceux qui n'ont pas été choisis par le sentiment de leur infériorité.

Et puis, cette confiance plus grande que, dans une brigade, dans une division, le chef a dans son infanterie *légère d'élite*, les autres corps la voient, et leur confiance en eux-mêmes diminue d'autant, sans parler de l'amour-propre froissé, qui chez nous *est loin, bien loin d'exciter l'émulation.*

Du reste, cette spécialité d'infanterie légère que l'on donne aux chasseurs existe-t-elle réellement ? Non.

Napoléon Ier disait : « Il ne peut y avoir qu'une seule espèce d'infanterie, parce que le fusil est la meilleure machine de guerre qui ait été inventée par les hommes..... parce que, le voudrait-on, nulle troupe ne peut être employée exclusivement au service des tirailleurs, une ligne dans une journée passant tout entière aux tirailleurs quelquefois même deux fois, le métier de tirailleurs étant et le plus meurtrier et le plus fatigant. »

Ce qui était vrai dans les guerres du premier Empire, avant le perfectionnement du canon et du fusil, l'est à plus forte raison aujourd'hui.

L'infanterie de ligne, pourvue d'armes d'une précision, d'une portée horizontale plus grande que les premières armes mises aux mains des chasseurs à pied, et comparable même jusqu'à 400 mètres aux carabines actuelles, cette infanterie, *avec son éducation identique* à celle des chasseurs secondée par l'aptitude particulière des populations françaises au métier de tirailleurs, sait prouver qu'elle est capable de faire ce métier et par la force des choses le fait un jour d'action aussi longtemps que les chasseurs.

On peut voir, dans les manœuvres, certains chefs déployer en tirailleurs tout un bataillon de chasseurs devant une division d'infanterie marchant en bataille par bataillons en colonne ou déployés ; mais demandez quel est le chef de bataillon, quel est le bataillon qui n'aime mieux être couvert par ses propres tirailleurs agissant sous les yeux de leurs chefs, de leurs camarades. Il y a solidarité, surveillance à peu près possible, et ces tirailleurs sont à peu près dirigés par les mouvements de leur bataillon qu'ils précèdent, mais observent, car en somme c'est leur soutien [1]. Mais dirigez donc, même en manœuvre, une ligne indépendante de tirailleurs de plus d'un kilomètre ? Et puis, qui la relèvera, car cela ne saurait durer une journée? N'y songeons donc pas à la guerre.

Il est banal de le dire, le bataillon unité de manœuvre doit tirer de lui-même *ses tirailleurs, ses tireurs, pour qu'il y ait solidarité et responsabilité réelle.*

De tirailleurs à tirailleurs, sans jouer sur les mots, on tiraille, dans le sens de tirer mal. Nos feux de tirailleurs en marchant au polygone, feux de chasseurs ou d'infanterie de ligne, alors que chaque homme connaît parfaitement la distance, a tout son temps, tout son sang-froid pour ajuster, sont là pour en faire foi; il n'est nullement nécessaire que des *tirailleurs en mouvement non postés* puissent ajuster au delà de 400 mètres, distance déjà grande et portée juste encore de l'armée de ligne.

Nous disons : *il n'est nullement nécessaire,* parce que nous croyons avoir démontré que la chose n'est

---

[1]. Il serait bon que chaque régiment eût une coiffure de couleur différente pour aider le tirailleur à reconnaître le bataillon et aider un peu aux ralliements possibles.

point praticable à des tirailleurs au delà du premier but en blanc [1].

A quoi donc bon pour ce service de tirailleurs des *armes différentes? Sans doute à mieux donner au fantassin de ligne*, qui ne se rend pas exactement compte du réel et voit entre les mains du chasseur une arme qu'il est persuadé être entièrement supérieure à la sienne, à mieux donner au fantassin de ligne le *sentiment de son infériorité*.

Ainsi, qu'on les emploie comme tirailleurs, comme infanterie de ligne [2], les chasseurs à pied ne font nulle besogne que ne soit obligé de faire le reste de

---

[1]. Quelques hommes de sang-froid pourront tirer avec justesse, etc. Ils ne le pourront pas, perdus dans la foule, ne pouvant distinguer leurs balles de celles de leurs voisins. Le trouble est plus contagieux que le sang-froid. — Mais admettons. — Pourquoi donc *ne pas réunir ces hommes de sang-froid au lieu de les laisser perdus dans le nombre eux et leurs balles justes?* — On n'éparpille pas le feu de l'artillerie. On le concentre.

[2]. On entend des officiers dire que les chasseurs devraient être employés comme réserve de brigade, de division. — A quoi bon leur arme de précision? Et puis de quel droit? Il faut avoir fait ses preuves... et, du reste, des réserves d'élite, de brigade, de division, placées si près des troupes immédiatement engagées, ne sont pas seulement inutiles; elles sont nuisibles; on les attend toujours pour finir la besogne; il n'y a plus d'élan franc, etc., etc.

Où nous mèneraient ces divisions à l'infini de troupes de première ligne, de soutien, de réserve? A une démoralisation complète des premières.

On a toujours tort de ne pas compter avec la manie d'égalité du Français, et, s'il est une circonstance où il la veut entière, c'est devant le danger. Chacun son tour, et chacun fait de son mieux, veut faire mieux que le camarade, afin qu'il ne puisse être dit qu'il a fait moins bien.

l'infanterie ; seulement *celle-ci le fait d'autant moins bien que les chasseurs le font mieux*, et cela parce qu'entre les chasseurs et la ligne il ne saurait y avoir émulation ; il y a sentiment de supériorité d'un côté, d'infériorité de l'autre, sentiment d'un fait vrai.

D'aucuns, par esprit de corps, pourront nier ce sentiment ; ne pouvant nier le choix dans les contingents, ils diront qu'en définitive, entre les chasseurs et la ligne, il n'y a, en tant que tirailleurs, d'autre différence qu'un peu moins de nerf dans les jambes, un peu moins de souffle dans la poitrine. Mais, puisque tout le monde doit faire et fait le métier de tirailleurs, pourquoi donc mettre en des corps à part les tirailleurs les plus solides, lesquels restant *dans les rangs de l'infanterie ajouteraient à sa vigueur tout ce que leur mise à part lui enlève et au delà ?* La vigueur physique, la générosité du tempérament sont pour beaucoup dans le moral, et une douzaine d'hommes d'un moral solide font souvent, par la contagion de l'exemple, toute la valeur d'une compagnie. C'est donc quelque chose à considérer que la quantité de moral apportée dans chaque compagnie par une douzaine de paires de bonnes jambes que leur rendrait la suppression des chasseurs.

Si le moral se pouvait peser, les chasseurs supprimés et rentrés dans la ligne, le moral de toute l'infanterie l'emporterait certainement sur le moral actuel de l'infanterie de ligne joint au moral des chasseurs à pied ; car tout sentiment d'infériorité est une atténuation de moral chez une troupe, et l'infanterie actuelle sent la sienne vis-à-vis des chasseurs.

RÉSUMONS :

Les chasseurs remplissent mal le service d'hommes pourvus d'armes de précision [1], puisqu'un homme sur vingt seulement sait réellement se servir de ces armes, puisqu'ils n'ont pas d'officiers choisis capables de les bien diriger, et qu'à l'encontre du *principe de la division du travail*, par le fait même de leur organisation en corps nombreux, on les emploie toujours en dehors de leur spécialité, on les emploie surtout comme infanterie légère.

Ils ne sont pas non plus l'infanterie légère de l'armée, puisque toute l'infanterie est apte au service d'infanterie légère et en fait et doit faire le métier.

---

[1]. On voit mettre en avant comme preuve de la supériorité des armes de précision, et en faveur de leur emploi par des troupes nombreuses, les résultats terribles et décisifs obtenus dans l'Inde par les Anglais avec la carabine Enfield. — Mais ces résultats ont été obtenus précisément parce que les Anglais se trouvaient vis-à-vis de leurs ennemis comparativement très mal armés, dans les conditions de sécurité, de confiance et par suite de sang-froid réclamées pour l'usage efficace de ces armes de justesse; conditions complètement changées lorsqu'on a en face de soi un ennemi également bien armé et discipliné et qui par conséquent nous envoie destruction pour destruction.

Ils ne seraient pas du reste assez nombreux pour suffire seuls à ce service.

Ils sont tout simplement une troupe d'élite, et la multiplicité des troupes d'élite diminue la qualité de la masse entière, surtout des troupes d'élite qui, prises d'emblée dans les contingents, ne sont objet d'émulation pour personne et, faisant plus souvent que tous un service que tous devraient faire, s'aguerrissent aux dépens de la ligne. Tout ce que gagnent les chasseurs comme recrutement, solidité, l'infanterie de ligne le perd.

Les chasseurs n'ont donc pas raison suffisante d'exister.

IV

Comment, les chasseurs supprimés, les carabines peuvent rendre les services qu'elles n'ont encore point rendus jusqu'à présent.

Les chasseurs sont supprimés, et dans chaque bataillon d'infanterie il est formé une compagnie de tireurs de carabines, de trente hommes. Ces hommes sont exclusivement choisis parmi les meilleurs tireurs du bataillon ; ce sont généralement d'anciens soldats, car c'est parmi les anciens soldats que l'on rencontre d'habitude les tireurs les plus habiles, ceux qui sont nés bons tireurs acquérant naturellement plus d'aplomb et de sang-froid avec l'âge et l'exercice. Ces bons tireurs ne seront *donc point nécessairement, loin de là souvent, les hommes les plus forts, les plus alertes, les plus agiles du bataillon ; il n'est besoin ;* leur service sera beaucoup moins fatigant que celui des combattants, des tirailleurs immédiats.

L'élément nerveux que la suppression des chasseurs rendrait à l'infanterie resterait donc en très grande partie dans ses rangs, ajoutant d'autant à la vigueur des compagnies et des bataillons.

Inutile d'expliquer comment cette composition d'anciens soldats, garantie de sang-froid, un *exercice exclusif*, une émulation sagement entretenue, assureraient au tir des compagnies de tireurs une justesse, une solidité dont nos compagnies de chasseurs ne sauraient donner une idée.

Ces compagnies seraient commandées par des *officiers d'une aptitude reconnue.*

Elles ne gêneraient en rien les manœuvres du bataillon, placées en colonne, sur le flanc ou à la queue, sans augmenter la distance qui sépare les bataillons en marche ; en bataille, derrière le bataillon ; dans les formations contre la cavalerie, elles se réfugieraient dans le carré, ou resteraient à genoux, couchées sous les baïonnettes du premier rang ; ou mieux, *restant dans les angles morts, remplaceraient avantageusement les tirailleurs qu'on déploie,* en avant des faces, pour tirer sur une cavalerie qui s'avance de loin. Ces tirailleurs souvent se replient dans un tel désordre qu'ils amènent dans le carré les cavaliers à leur suite. En cette circonstance, les tireurs ne sortent pas de leur métier exclusif, qui est de tirer de loin. — Ils prennent par habitude leur place hors du carré sans plus d'hésitation que les tambours en dedans. Groupés d'avance, gens calmes, connus de tous, ils ne broncheront pas, et leur rôle est si simple qu'ils n'y sauraient manquer.

Ainsi donc au moment de l'action, divisée en trois ou quatre sections groupées sous une même direction ou séparément employées sous le commandement de leurs chefs, chaque compagnie remplacerait le canon que l'on a souvent attaché au bataillon, le canon moins les embarras et plus la facilité *de changer de place tout en chargeant, de se dissimuler plus aisément, de s'aventurer davantage* [1].

C'est dire assez comment devraient être employées ces compagnies ; comme canon de mitraille à longue portée, non autrement.

---

1. Que risquent-ils ? D'un feu à l'autre, ils changent de place en se dissimulant sans changer de distance. L'artillerie ne leur peut rien que par hasard ! L'infanterie ? Elle n'a pas des ailes ; on va à la rescousse, ou bien ils se retirent, et, comme ils ont longue avance, ils peuvent tirer en faisant leur retraite. La cavalerie ? 10 à 15 hommes groupés et armés de fusils sont moins *enlevables* que 1000 par toute la cavalerie du monde. — Et puis, s'ils sont enlevés, c'est chance de leur métier.

Se postant en avant, en arrière, sur le flanc, à la place enfin la plus favorable à leur action, ces petits pelotons agiraient par le tir individuel ou par le feu à commandement. Ce dernier feu, par l'envoi d'une gerbe de balles dirigées sur un même point, permettant plus facilement que tout autre de juger de la distance au moyen de l'effet produit, serait certainement leur plus terrible mode d'action.

Il peut paraître singulier de préconiser ici le feu à commandement déclaré précédemment impossible, sauf en circonstances données; c'est précisément en ces circonstances données, de choix d'hommes et d'officiers, de distance, de sang-froid, que se trouveraient les tireurs de carabine.

N'étant pas encadrés, faciles à dissimuler derrière le moindre pli, ces groupes exécuteraient leur tir dans des conditions de sans-gêne complètes, sur un rang, ou sur deux rangs en échiquier, à genoux ou debout, *l'arme toujours appuyée* sur le coude, *soit au besoin sur un bâton.*

Tirant de loin, ils auraient un sang-froid que l'on ne peut attendre de tirailleurs engagés ou d'hommes dans le rang, et leur tir y gagnerait en précision.

C'est à ces conditions, à ces conditions seulement *de choix dans les tireurs et dans les officiers, d'action à de grandes distances, de sécurité relative, de sans-gêne et de sang-froid dans le tir, que la carabine pour-*

rait, ainsi que le fait le canon rayé, produire des effets en raison de sa puissance comme justesse et portée.

V

Réponse aux objections pratiques que peut soulever l'armement avec des carabines d'un certain nombre d'hommes par régiment.

L'armement, avec des carabines, d'un certain nombre d'hommes par régiment, soulève des objections pratiques.

L'adoption pour toute l'infanterie de la carabine Chassepot ou de toute autre analogue fait disparaître la plupart des objections pratiques à la suppression des chasseurs et celle principale d'un corps à part pour une arme particulière. Qu'on ne choisisse plus les hommes du reste, et le maintien des chasseurs comme infanterie légère, ce qui n'est qu'un mot, n'offrant plus d'inconvénient moral, ils resteront un luxe, ce qui n'est plus question purement militaire.

L'inconvénient de deux espèces de munitions dans un même corps. — Cette objection n'a pas empêché, de leur formation à 1848, les bataillons de chasseurs d'avoir deux armes de calibres fort différents, et elle a bien moins de portée aujourd'hui ; avec la balle des petites carabines, les grosses carabines tiraient moins juste que des *fusils lisses, tandis que la balle actuelle de la ligne dans les carabines est encore d'une redoutable précision.* Et puis, quel que soit le calibre, est-ce donc chose si difficile que d'avoir dans chaque caisson de munitions d'infanterie, un 30ᵉ de paquets de cartouches pour carabines en papier rouge [1]?

Le manque de polygones dans le plus grand nombre des garnisons d'infanterie. — Si un polygone était d'une nécessité absolue, l'objection serait fondée. Mais dans toute garnison d'infanterie on a un terrain de cible. Ce terrain permet le tir jusqu'à 400 mètres au moins, très souvent jusqu'à 600 mètres. Avec de bons yeux un bon tireur à 400 mètres est un bon tireur à 1000 mètres. Si donc, *circonstance rare*, il n'est pas possible *quatre ou cinq jours* par an et pour *le tir d'un petit nombre d'hommes n'entraînant aucun dégât*, s'il n'est pas possible de prolonger jusqu'à 1000 ou 1100 mètres le champ habituel de tir, les tireurs consommeront toutes leurs cartouches dans les limites du terrain à leur disposition. On ne pourra faire que 400 mètres = 1000 mètres ; mais en diminuant les dimensions du but, en modifiant sa couleur, par le moyen d'un artifice quelconque enfin, on peut rapprocher le tir dans des limites forcées des conditions du tir aux grandes distances.

[1]. Il se peut du reste que l'adoption des armes nouvelles simplifie la question.

Du reste, avec les changements de garnison, la plupart de nos hommes, soldats et tireurs *de métier*, auront toujours rencontré quelque terrain qui les ait mis à même de connaître par expérience réelle le tir de leurs armes aux grandes distances.

On peut craindre que les colonels ne donnent pas à l'instruction de leurs compagnies de tireurs toute l'attention que doit exiger cette instruction, qui sera pour ainsi dire en dehors de l'instruction générale du régiment. Du colonel au soldat, la suppression des chasseurs sera reçue de *tous avec joie*, dans l'infanterie de ligne, qu'elle relèvera dans sa propre estime ; et il est certain que dès le premier moment, ne serait-ce que pour la crainte de ne pas justifier cette suppression, le plus grand soin sera apporté à l'éducation et au choix des compagnies de tireurs ; et de bonnes habitudes prises deviennent tradition. Et du reste n'y a-t-il pas des inspecteurs ?

Tous les officiers de chasseurs avec leurs propres compagnies formeront les premiers éléments de ces compagnies de tireurs d'élite, qui s'épureront avec le temps de leurs mauvais tireurs et des officiers non capables ; la mesure ne saurait les froisser, les plaçant d'emblée chacun à un poste de confiance.

NOTES ET OBSERVATIONS DIVERSES

Le combat antique se passait sur un espace restreint ; le chef y voyait tout son monde, y voyait clair ; son narré devait être clair, bien que nous remarquions que ces narrés laissent, dans l'antiquité, beaucoup de détails obscurs, oubliés, que nous sommes obligés de suppléer. — Dans un combat moderne, on ne sait guère ce qui se passe, s'est passé, que par le résultat. — Les narrés ne peuvent entrer dans les détails d'exécution.

— Épaminondas à Leuctres diminue de moitié la profondeur de son monde. Il forme une phalange à gauche de 50 sur 50. Il aurait très bien pu s'en dispenser, car la droite lacédémonienne fut d'abord mise en désordre par sa propre cavalerie, laquelle, placée en avant de cette aile, fut culbutée par la cavalerie supérieure d'Épaminondas sur l'infanterie qui était derrière, et l'infanterie d'Épaminondas, arrivant à la suite de sa cavalerie, en eut bon marché. En tournant à droite, la gauche d'Épaminondas prit alors en flanc la ligne lacédémonienne, laquelle, menacée de face par l'approche des Thé-

lons d'Épaminondas, se démoralisa et prit la fuite.
— Pourquoi cette ordonnance de 50 sur 50? Peut-être pour donner sans manœuvre, par un simple à droite ou à gauche, front de 50 dans n'importe quelle direction. — A Leuctres, il fit à droite simplement et prit l'ennemi de flanc et à revers.

— Il paraît, d'après Xénophon, que lancer le dard à cheval n'était pas chose facile, puisqu'il recommande à plusieurs reprises d'avoir le plus *qu'il se pourra* d'hommes sachant lancer le dard. Le même auteur recommande, pour ne point tomber de cheval en chargeant, de pencher le corps fort en arrière!....

On voit, en lisant Xénophon, que l'on tombait souvent de cheval.

— *Durée de la bataille de Pharsale.* — Le combat dura au moins quatre heures. — César levait son camp, ce que l'on fait le matin, lorsque, etc. Et il dit que ses troupes étaient fatiguées, le combat ayant duré jusqu'à midi, ce qui semble bien indiquer qu'il trouvait ce combat long.

César a des légions qu'il trouve jeunes, non encore bien solides et qui ont neuf ans de formation.

— *Moyen âge* (Froissard). — Les chevaliers, au combat des Trente, étaient armés pour le combat de pied, qu'ils préféraient lorsqu'ils voulaient une affaire sérieuse, en champ clos pour ainsi dire.

Il y a un arrêt, un repos dans le combat, lorsque

les deux partis sont fatigués, épuisés. — Les Bretons, à ce repos, n'étaient plus alors que 25 contre 30. — Combat jusqu'à épuisement sans perte d'un côté. — Sans Montauban, le combat eût duré jusqu'à épuisement mutuel, absolu et sans plus de pertes; car, plus on était fatigué, moins de force on avait pour percer les armures.

Montauban est à la fois félon et héroïque. — Félon, parce qu'il faisait chose déloyale; héroïque, parce que si les Bretons ne profitaient habilement du désordre, entré seul dans le bloc anglais, il était occis.

Après la lutte, les Bretons ont 4 tués, les Anglais 8, dont 4 *assommés* dans leurs armures.

— *Bataille de Seimpach.* — 1300 Suisses mal armés; 3000 chevaliers lorrains en phalange. L'assaut en coin des Suisses est repoussé, et ils sont menacés d'être enveloppés. Arnold de Winkelried fait la trouée; les Suisses pénètrent, et le massacre s'ensuit....

— Comment on se battait sous Montluc, dans une société aristocratique? Montluc nous le montre, nous le dit; il marchait en tête à l'assaut, mais, aux pas difficiles, poussait devant lui un soldat dont la peau ne valait pas la sienne. — Il n'en a pas le moindre doute et pas la moindre honte; le soldat ne réclame pas, tant la chose est indubitable, indiscutable. —

Vous, chefs, faites cela dans une armée démocratique, telle qu'elle commence à être, telle qu'elle sera plus tard.

Devant le danger, le chef n'est pas plus que le soldat; le soldat veut bien marcher, mais derrière son chef, et encore... Ses camarades n'ont pas le cuir plus précieux que le sien, il faut qu'eux aussi marchent... Et cette préoccupation très réelle de l'égalité devant le danger, qui ne voit qu'elle amène l'hésitation, non la résolution. Quelques fous peuvent se faire casser la tête de près, mais le reste se tiraille de loin. — On ne perd pas moins de monde, loin de là.

— Tant que les compagnies ont appartenu aux capitaines, il est difficile d'apprécier les pertes.

Dans les récits modernes, qui lit un Français, qui lit un étranger est complètement dérouté, tant les faits se ressemblent peu. Où est le vrai? Les résultats seuls le pourraient donner (résultats comme pertes réciproques); comment les avoir? et eux seuls sont instructifs.

Sous Turenne, je crois, il n'y avait pas encore au même degré l'amour-propre de nation pour obscurcir la vérité. — Les troupes étaient souvent de même nation dans les deux armées.

— Si les vanités nationales, les amours-propres nationaux, n'étaient bien plus susceptibles pour les faits récents et qui les passionnent encore, on trouverait de nombreux exemples dans nos dernières guerres, soit chez nous, soit chez les alliés. — Mais qui pourrait parler de Waterloo, dont on a tant parlé avec passion, en parler avec impartialité sans être honni ? — Waterloo gagnée n'eut guère avancé nos affaires. — Napoléon tentait l'impossible, et, à l'impossible, le génie même n'est point tenu. — Après une lutte terrible contre la solidité et la ténacité anglaises, lutte où nous ne pouvions sérieusement les entamer (et où nous ne l'aurions probablement pas pu davantage quand les Prussiens ne fussent venus), les Prussiens paraissent, on leur fait face, et la déroute commence, non par les troupes engagées contre eux, mais par celles fatiguées, c'est possible, mais pas plus que leurs ennemis, qui étaient en face des Anglais. — Effet moral d'une attaque sur leur droite, alors qu'elles attendaient plutôt secours de ce côté. — Cette droite suivit le mouvement.

— Ce que fait Napoléon Ier ? Il a diminué le rôle de l'homme dans les batailles et remplacé l'action par les combinaisons. — Franchement, pour nous, les instruments, est-ce un motif d'être si glorieux ?

Masses d'infanterie, masses de cavalerie. Elles marquent, à la fin de l'Empire, une dégénérescence tactique résultant de l'usure des éléments et, par suite, de leur abaissement comme moral et instruction.

Et puis les alliés connaissaient alors et adoptaient nos méthodes et nos moyens d'action. Autre motif d'essayer du neuf (vieux neuf) pour obtenir l'étonnement qui donne, peut donner un jour la victoire, mais un jour seulement, jusqu'à ce que l'ennemi en soit revenu; sorte de moyen désespéré que se permet la toute-puissance lorsqu'elle voit le prestige lui échapper.

Quand arrivent le malheur et le manque d'hommes à sacrifier, Napoléon redevient l'homme pratique que n'aveugle plus la toute-puissance; le suprême bon sens, le génie, reprennent le dessus sur la *rage de vaincre* à tout prix, et nous avons la campagne de 1814.

— Phrase significative dans l'énumération des causes de victoire des Prussiens sur les Autrichiens en 1866, par le colonel Borbstaed : « C'était que chacun, étant instruit, savait se retrouver promptement et sûrement dans toutes les phases du combat. »

Tout est là en effet, tout, tout.

— Les Américains nous ont montré ce que deviendra le combat moderne avec des armées immenses, mais sans cohésion.

Chez eux, le manque de discipline, d'organisation traditionnelle et solide a produit d'emblée les résultats que nous avons signalés.

Combats de tirailleurs embusqués à *longue dis-*

tance, durant un, deux, trois jours, jusqu'à ce que quelque faux mouvement, la fatigue des esprits, amène une des deux troupes à céder le terrain à l'autre.

Dans cette guerre d'Amérique, où, dit-on, on a renouvelé les mêlées d'Azincourt, etc. (et il n'y a eu que mêlées de fuyards), les choses ne se sont point passées autrement, et moins que jamais on a combattu de près.

— On lit dans le général Ambert : « Privées de toutes traditions militaires, presque sans hiérarchie, ces masses confuses (armées d'Amérique) se frappèrent comme on frappait à Azincourt et à Crécy. » — Mais non : à Azincourt et à Crécy on a peu frappé, on a surtout été beaucoup frappé. — Ces batailles ont été d'immenses tueries de Français par des Anglais et par d'autres Français unis à eux, qui ont été très peu tués.

En quoi, puisque le général veut une ressemblance, en quoi, sinon dans le désordre pareil au nôtre, les combats américains ressemblent-ils à ces tueries au couteau? Les Américains se sont tiraillés à des lieues.

— « Chez les Arabes, la guerre est une lutte d'agilité et de ruse; aussi la chasse est le premier des passe-temps. La poursuite des bêtes sauvages enseigne celle des hommes. »

Ainsi parle le général Daumas, qui fait des Arabes des chevaliers. Qu'y a-t-il donc de chevaleresque dans la surprise et l'égorgement nocturne d'un camp ?

— Il serait temps de faire comprendre le peu de force des armées tumultuaires ; de faire revenir de l'illusion des premières armées de la Révolution, que le peu de vigueur, l'indécision des cabinets européens et de leurs armées a seul empêchées d'être immédiatement balayées.

Les Jacques de toutes les époques, qui ont tout à gagner, point de quartier à espérer, ne sont-ils pas des exemples ?

Depuis Spartacus, ne les voit-on pas toujours vaincus ?

L'armée n'est réellement forte que lorsqu'elle découle de l'institution sociale. Certes, Spartacus et les siens étaient individuellement de terribles combattants. — Gladiateurs, faits à la vue de la mort et à l'escrime, prisonniers, c'est-à-dire esclaves, barbares, pleins de rage de leur liberté perdue, colons esclaves en rupture de ban, tous gens n'ayant nul quartier à espérer, de quels hommes peut-on espérer plus de fureur au combat ?

Mais la discipline, les chefs, tout était improvisé et ne pouvait avoir la solidité de la discipline séculaire et d'institution sociale des Romains. Ils furent vaincus.

Vendéens? tous et très solidement organisés.

Il faut que le temps, et un long temps, ait donné aux chefs, avec l'habitude du commandement, la confiance dans leur autorité; aux soldats, la confiance dans leurs chefs et dans leurs camarades. Il ne suffit pas de commander la discipline, il faut que les chefs aient le vouloir de l'exécuter et que son exécution rigoureuse donne aux soldats la résignation, le sentiment de la soumission à la discipline, et la leur fasse craindre plus que les coups de l'ennemi.

Il est telle nation qui n'aura jamais une armée vraiment solide, parce que les hommes de cette nation sont trop civilisés, trop fins, trop démocrates dans certaine acception de mot...

Ceci peut faire rire; ceci est.

— Il n'est pas patriotique de dire que l'esprit militaire se meurt en France. — La vérité est toujours patriotique. L'esprit militaire est mort avec la noblesse française en 1789. La noblesse a péri, parce qu'elle devait périr, qu'elle était usée, à bout de vie.

Une aristocratie, une noblesse qui meurt, meurt toujours par sa faute, parce qu'elle ne remplit pas ses devoirs, parce qu'elle manque à sa tâche, parce qu'elle n'a plus les vertus de ses fonctions dans l'Etat, parce qu'elle n'a plus de raison d'être en une société dont la tendance dernière est de supprimer ses fonctions.

Après 89, le patriotisme menacé, le sentiment naturel de la défense personnelle, ont ramené l'esprit militaire dans la nation et dans l'armée. — L'Empire a continué ce mouvement d'idées en le faisant dévier, en le faisant de défensif agressif, et l'a usé. — Usé à ce point qu'il l'était en 1814, en 1815.

L'esprit militaire de la Restauration, du gouvernement de Juillet, est une réminiscence de l'Empire, une ressouvenance ; c'était aussi une des formes de l'opposition faite à ces deux gouvernements par le libéralisme de l'époque, qui n'était pas la démocratie.

C'était là un esprit d'opposition et non pas un esprit militaire, lequel est essentiellement conservateur.

Il n'y a pas d'esprit militaire, dans une société démocratique, dans une société où n'existe pas une aristocratie, une noblesse militaire. Qui dit société démocratique dit société antipathique à ce qui fait l'esprit militaire.

Nous sommes société démocratique. Nous devenons de moins en moins militaires.

Les aristocraties prussienne, russe, autrichienne, qui seules font l'esprit militaire de ces États, sentent en notre société démocratique un exemple mortel à leur existence, comme noblesse, comme aristocratie. Elles nous sont ennemies et le seront jusqu'à ce que les sociétés russe, autrichienne, prussienne soient devenues, comme la nôtre, sociétés démocratiques. C'est affaire de temps.

En attendant, comme notre société française actuelle veut vivre et qu'elle a raison de le vouloir, et qu'elle ne peut le vouloir au prix d'un échec à l'orgueil national, il faut, puisque pour longtemps encore elle se trouve en présence de sociétés où domine l'élément militaire, de sociétés à noblesse, il faut qu'elle ait une armée solide. Et, parce que l'esprit militaire va baissant en France, il faut qu'elle le relève en ayant des cadres, des officiers bien payés (puisque la haute paye en démocratie fait la considération), puisqu'aujourd'hui on ne se tourne pas vers l'armée, parce qu'elle n'est pas riche; qu'elle ait des mercenaires, soit, et bien payés. En payant bien, on en aura de bons, grâce au vieux levain guerrier de la race. Ce sacrifice est nécessaire à sa sécurité.

Le militaire en notre siècle est marchand. Tant de ma chair, tant de mon sang, vaut tant; tant de mon temps, tant de mes affections, etc., etc. C'est un noble métier cependant. Sans doute parce que le sang de l'homme est noble marchandise, la plus noble dont il puisse trafiquer.

— Ce que vaut une force morale de plus ou de moins dans une nation en guerre, on le sait par des exemples (Pichegru trahit, une force morale de moins chez nous, et nous sommes battus ; Bonaparte revient, avec lui revient la victoire).

A cela nous ne pouvons rien ; mais nous pouvons faire que l'armée, la troupe soit bonne, même avec un Napoléon de moins.

Exemple de l'armée de Turenne après sa mort ; elle reste excellente, malgré la discorde et l'insuffisance de ses deux chefs. Défense en retraite au passage du Rhin. Régiment de Champagne attaqué de front par infanterie et pris à dos par cavalerie... Un des plus beaux faits du métier.

— « La théorie des gros bataillons est une théorie honteuse. » Du plus petit au plus grand orateur, tout ce qui parle militaire aujourd'hui ne parle que de masses. La guerre se fait par des masses énormes, etc., etc. Et, dans les masses, l'homme disparaît. On ne voit plus que le nombre ; on oublie la qualité, et cependant, aujourd'hui comme toujours, la qualité seule fait en somme l'action réelle. Les Prussiens ont vaincu à Sadowa avec des soldats faits, unis, rompus à la discipline, et il ne faut pas plus de trois ou quatre ans aujourd'hui pour avoir des soldats, car l'éducation matérielle du soldat en somme est peu de chose.

L'Autriche a été battue parce que ses hommes se sont mal battus, parce qu'ils étaient des conscrits.

Notre organisation projetée nous donnera 400 000 bons soldats, mais toutes nos réserves seront sans cohésion (si elles sont de la veille seulement jetées dans tel ou tel corps), et les troupes sans cohésion font nombre de loin, c'est quelque chose, mais de près se réduisent à moitié, au quart comme combattants réels (Wagram); c'est l'enfance de l'art, ce sont coups de désespoir, qui peuvent une fois réussir comme effet moral sur un ennemi facile à impressionner, mais une fois seulement, et encore ! Mais, devant un ennemi qui raisonne, ils deviennent désastre (Waterloo).

Les Cimbres sont un exemple, et l'homme n'a pas changé. Qui se peut aujourd'hui dire aussi brave qu'eux? Et cependant de leur temps il n'y avait ni canons ni fusils.

— L'air militaire est un air inconnu des Romains. Chez eux, pas de différence entre civil et militaire. C'étaient les mêmes devoirs. Je crois que l'air militaire date du jour où l'on a fait des armes un métier exclusif, date des matamores, des condottieri italiens, plus féroces avec les bourgeois qu'avec les ennemis.

— Machiavel cite un proverbe : La guerre fait des voleurs, et la paix les fait pendre. Les Espagnols du Mexique, depuis quarante ans en guerres civiles, n'ont plus de gouvernement, et ils regardent comme une honte l'obéissance à une autorité civile.

On comprend les difficultés d'une organisation de gouvernement *de paix* en ce pays.

Il faut que la moitié de la population pende l'autre; l'autre ne veut pas et ne voudra pas.

— D'aucuns veulent transformer les régiments en écoles permanentes pour les officiers de tout grade. Est-ce le moyen de régénérer les goûts militaires en France? J'en doute. Assurément, l'instruction est indispensable; mais gardons-nous de l'exagération, et ne faisons pas de l'officier un écolier destiné à passer toute sa vie sur les bancs.

De longues traditions nous ont appris à voir en lui une sorte d'aristocrate toujours prêt à faire vigoureusement son devoir en temps de guerre, mais aimant, en temps de paix, les loisirs et le *far niente*. C'est fâcheux, mais cela est. Il y a là un de ces vices inhérents à notre caractère et à notre tempérament, dont il faut savoir tenir compte, faute de quoi nous nous exposerons à écarter du métier ceux qui pourront se passer de cette carrière, et ce seront généralement ceux qui auront reçu la meilleure éducation.

— Une aristocratie a-t-elle raison d'être, si elle n'est pas militaire? Non.

L'aristocratie prussienne est militaire, rien que militaire. Elle peut recevoir dans ses rangs des officiers plébéiens, mais à condition qu'ils se laissent *absorber*.

Une aristocratie n'est-elle pas essentiellement orgueilleuse! Si elle ne l'était pas, elle douterait d'elle-même.

L'aristocratie prussienne est donc orgueilleuse; elle veut la domination par la force; et dominer, toujours plus dominer, est dans ses conditions d'existence. On domine par la guerre; il lui faut la guerre (à son heure, soit; ses chefs ont le tact de choisir le moment), et elle veut la guerre. C'est dans son essence; c'est une de ses conditions de vie comme aristocratie.

Toute nation ayant une aristocratie, une noblesse militaire, est organisée militairement. L'officier prussien est officier parfait comme gentilhomme, comme noble; par instruction et par examen, il est plus capable; par éducation, plus digne. Il est officier et commande par deux motifs, l'officier français par un seul.

La Prusse, avec tous les voiles masquant la chose, est une organisation militaire, conduite par une corporation militaire.

Toute nation organisée démocratiquement n'est point militairement organisée; elle est vis-à-vis de l'autre en état d'infériorité pour la guerre.

Une nation militaire et une nation guerrière sont deux.

Le Français est guerrier d'organisation et d'instinct. Il est chaque jour de moins en moins militaire.

Il n'y a nulle sécurité pour une société démocratique à être voisine d'une société militaire.

Elles sont ennemies nées. L'une sans cesse menace la juste influence, sinon l'existence de l'autre.

Tant que la Prusse ne sera pas démocratique, elle sera une menace pour nous.

L'avenir semble appartenir à la démocratie; mais, avant que cet avenir soit atteint par l'Europe, qui dit que la victoire, la domination, n'appartiendra pas un temps à l'organisation militaire, qui périra ensuite faute d'aliments de vie, quand, n'ayant plus d'ennemis extérieurs à vaincre, à surveiller, plus à combattre pour la domination, elle n'aura plus sa raison d'être?

Tout triomphe de la Prusse est un retard pour la démocratie allemande, forcée d'attendre que l'aristocratie périsse alors seulement que l'orgueil, qui est sa force, n'aura plus sa raison d'être.

— Tous les gens qui réfléchissent, dans l'armée, se demandent : Comment combattrons-nous demain? Nous n'avons point de *credo* en matière de combat. Les méthodes les plus opposées se disputent les intelligences des militaires.

Pourquoi? Erreur générale de point de départ. On dirait que nul ne veut comprendre que, pour savoir demain, il faut connaître hier; et hier n'est écrit *sincèrement* nulle part. Il est seulement dans la mémoire de ceux qui savent se souvenir, parce qu'ils ont su voir, et ceux-là, jamais, presque jamais n'ont parlé.

Le plus mince détail pris sur le fait dans une action de guerre est plus instructif, pour moi soldat, que tous les Thiers et Jomini du monde, lesquels parlent sans doute pour les chefs d'Etats et d'armées, mais ne *montrent* jamais ce que je veux savoir, un bataillon, une compagnie, une escouade en action.

Qu'il s'agisse donc d'un régiment, d'un bataillon, d'une compagnie, d'une escouade, il est intéressant de connaître :

La disposition prise pour attendre l'ennemi, ou l'ordre de marche pour se porter dans sa direction: ce que devient cette disposition ou cet ordre de marche sous l'influence isolée ou simultanée des accidents du terrain et de l'approche du danger;

Si cet ordre est changé, s'il est maintenu à mesure que l'on approche davantage ;

Ce qu'il devient quand on arrive dans la région du canon, dans la région des balles;

A quel instant, à quelle distance, telle disposition, spontanée chez la troupe ou commandée par le chef, est prise avant d'agir, afin d'agir soit par le feu, soit par la charge, soit par les deux combinés, soit par les deux à la fois ;

Comment s'est engagé, s'est fait le feu; comment

ajustaient les soldats (tant de coups de canon, tant de balles tirées, tant d'ennemis à bas, quel renseignement plus instructif quand on a pu le prendre immédiatement sur le terrain);

Comment s'est faite la charge, à quelle distance l'ennemi a fui devant elle, à quelle distance elle s'est arrêtée ou repliée devant le feu, ou devant la contenance, ou devant tel ou tel mouvement de l'ennemi; ce qu'elle a coûté; *ce qui a pu être remarqué de toutes ces mêmes choses chez l'ennemi;*

La contenance, c'est-à-dire l'ordre, le désordre, les cris, le silence, le trouble, le sang-froid, chez les chefs, chez les soldats, chez nous, chez l'ennemi, avant, pendant, après;

Comment le soldat a été, pendant tout le temps de l'action, dirigeable et dirigé, ou bien à tel instant a eu tendance à quitter le rang pour rester en arrière ou pour se jeter en avant;

A quel instant, si la direction échappant aux chefs n'a plus été possible, à quel instant cette direction a échappé au chef de bataillon, au chef d'escadron, à quel instant au capitaine, au chef de section, au chef d'escouade; à quel instant en somme (si chose semblable a eu lieu) n'y a-t-il plus eu qu'une impulsion désordonnée, soit en avant soit en arrière, emportant chefs et soldats pêle-mêle;

Où, quand, a eu lieu le temps d'arrêt;

Où, quand, la reprise en main des soldats par les chefs ;

A quels instants, avant, pendant, après la journée, a été fait l'appel du bataillon, de la compagnie, de l'escouade ; résultats de ces appels ;

Combien de morts, combien de blessés, et le genre des blessures de part et d'autre, chez les officiers, les sous-officiers, les caporaux, les soldats, etc., etc.

Tous les détails, en un mot, pouvant éclairer soit le côté matériel, soit le côté moral de l'action, pouvant la faire voir de près, du plus près possible, sont choses infiniment plus instructives, pour nous soldats, que toutes les discussions imaginables sur les plans et la conduite générale des campagnes des plus grands capitaines, sur les grands mouvements des champs de bataille.

Du colonel au fusilier, nous sommes soldats, non généraux, et c'est notre métier que nous voulons savoir.

Certainement on ne peut obtenir tous les détails possibles sur une même affaire ; mais certainement d'une suite de récits sincères doit ressortir un ensemble de détails caractéristiques très apte à montrer d'une manière saisissante, et irréfutable comme un fait, ce qui se passe *forcément, nécessairement*, à tel instant d'une action de guerre ; à donner la mesure de ce que l'on peut obtenir du soldat, *si bon soit-il*, et à servir par conséquent de base à une méthode rationnelle (possible) de combattre, et nous mettre en garde contre les méthodes *à priori* des Ecoles.

Quiconque a vu s'est fait une méthode basée sur sa connaissance, sur son expérience personnelle du soldat. Mais l'expérience est longue, la vie est courte. L'expérience de chacun ne se peut compléter que par celle des autres.

FIN

TABLE DES MATIÈRES

Avant-propos... v
INTRODUCTION... 1

PREMIÈRE PARTIE

LE COMBAT ANTIQUE

Chap. Ier. — L'homme dans le combat primitif et dans le combat antique 11
Chap. II. — Que la connaissance de l'homme a fait la tactique romaine, les succès d'Annibal, ceux de César........................ 19
Chap. III. — Analyse de la bataille de Cannes......... 27
Chap. IV. — Analyse de la bataille de Pharsale et quelques citations caractéristiques 45
Chap. V. — Mécanisme et moral du combat antique.. 62
Chap. VI. — A quelles conditions on obtient des combattants réels, et comment le combat de nos jours, pour être bien fait, les exige plus solides que le combat antique. 75

DEUXIÈME PARTIE

LE COMBAT MODERNE

Chap. Ier. — Du moral dans le combat moderne....... 88
Chap. II. — **Infanterie.** — Action morale, action matérielle... 109

Chap. III. — Des masses..	115
Chap. IV. — Soutiens. — Réserves. — Carrés. — Ce que vaut le rang.......................	133
Chap. V. — Des feux..	141
Chap. VI. — Considérations tactiques.....................	196
Chap. VII. — **Cavalerie.** — Rôle et action morale.....	208
Chap. VIII. — Charge. — Tactique. — Armement........	227
Observations sur l'emploi de la carabine et des chasseurs a pied...................................	245
Notes et observations diverses........................	275

Coulommiers. — Typ. Paul BRODARD.

www.ingramcontent.com/pod-product-compliance
Lightning Source LLC
Chambersburg PA
CBHW071130160426
43196CB00011B/1854